Shahide Dehghan
Hoosein Norouzi
Hossein Gholami

Aquecimento e arrefecimento solar em edifícios

Shahide Dehghan
Hoosein Norouzi
Hossein Gholami

Aquecimento e arrefecimento solar em edifícios

ScienciaScripts

Imprint

Any brand names and product names mentioned in this book are subject to trademark, brand or patent protection and are trademarks or registered trademarks of their respective holders. The use of brand names, product names, common names, trade names, product descriptions etc. even without a particular marking in this work is in no way to be construed to mean that such names may be regarded as unrestricted in respect of trademark and brand protection legislation and could thus be used by anyone.

Cover image: www.ingimage.com

This book is a translation from the original published under ISBN 978-620-7-65379-9.

Publisher:
Sciencia Scripts
is a trademark of
Dodo Books Indian Ocean Ltd. and OmniScriptum S.R.L publishing group

120 High Road, East Finchley, London, N2 9ED, United Kingdom
Str. Armeneasca 28/1, office 1, Chisinau MD-2012, Republic of Moldova, Europe
Printed at: see last page
ISBN: 978-620-7-85594-0

Copyright © Shahide Dehghan, Hoosein Norouzi, Hossein Gholami
Copyright © 2024 Dodo Books Indian Ocean Ltd. and OmniScriptum S.R.L publishing group

Aquecimento e arrefecimento solar em edifícios

Shahide Dehghan[1], Hoosein Norouzi[2], Hossein Gholami[3]

[1]Departamento de Geografia, secção de Najafabad, Universidade Islâmica Azad, Najafabad, Irão

[2] Departamento de Engenharia Civil, Isfahan (Khorasgan) Branch, Islamic Azad University, Isfahan, Irão

[3]Departamento de Engenharia Civil, Isfahan (Khorasgan) Branch, Islamic Azad University, Isfahan, Irão

2024

Índice

Prefácio 3
Introdução 5
Corpo do texto 7
Referências 51
Aquecimento e arrefecimento solar em edifícios 68

Prefácio

A potência de produção do painel solar é um dos parâmetros para calcular a eficiência do sistema solar. No entanto, estes cálculos aproximados são muito úteis e podem ser eficazes para estimar os custos aproximados de um sistema de energia solar. Este cálculo é muito simples e basta dividir o valor obtido a partir do número de watts-hora por dia pelo valor correspondente ao pior caso de intensidade de radiação solar mensal. A instalação de painéis solares no telhado da sua casa é muito eficaz para reduzir o custo do consumo de eletricidade e não só aumenta o valor da sua casa, como também reduz significativamente o dióxido de carbono no ar. A energia solar é limpa e renovável; além disso, é muito acessível no nosso belo país com muito sol. No mundo moderno, a população está a aumentar e, consequentemente, o consumo de energia, especialmente de energia não renovável, aumentou. Por outro lado, os recursos de combustíveis fósseis, como o petróleo e o gás, estão a diminuir. Por conseguinte, a utilização de energias renováveis, como a energia solar, a energia eólica, etc., é uma necessidade. Ao utilizar fontes de energia renováveis, para além de reduzir os custos da utilização de combustíveis fósseis, estará a dar um grande contributo para salvar a Terra e evitar que esta continue a aquecer. A utilização de painéis solares para utilizar a energia solar nos edifícios é uma das formas de utilizar as energias renováveis nos edifícios. A arquitetura solar, na qual são utilizados painéis solares e células solares, criou um novo estilo de arquitetura. Esta energia é um dos recursos renováveis mais limpos e mais disponíveis no mundo e é a principal fonte de toda a energia na Terra. A energia do sol é direta e indiretamente convertida em diferentes formas. A utilização desta energia é um dos melhores métodos em países como o Irão, onde a quantidade de radiação anual é elevada. A energia do sol é obtida a partir da conversão dos fotões da luz solar, que transportam uma grande quantidade de energia infinita. Enquanto o sol continuar a brilhar, a sua energia pode ser utilizada.

Introdução

O consumo de energia no sector da construção é muito elevado. Embora o valor exato do consumo de energia varie muito de um país para outro, em geral, entre 35 e 45% da procura de energia está relacionada com o sector da construção. Embora o crescimento do consumo de energia neste sector tenha sido, em certa medida, restringido pela aplicação de regras rigorosas sobre o consumo de energia no sector do aquecimento, o consumo de energia no sector da refrigeração aumentou significativamente e esta tendência mantém-se. No Irão, o consumo de energia nos sectores doméstico e comercial, com um crescimento médio de 9,4% nos anos setenta e uma quota de cerca de 42%, cujo valor atinge 14 mil milhões de dólares com base nos preços mundiais, é o consumo mais elevado do país. A maior parte dos vetores utilizados neste sector incluiu 69% de gás natural, 25% de produtos petrolíferos, 10% de eletricidade e 2% de combustíveis sólidos. As estatísticas relativas ao consumo de energia no sector da refrigeração dos edifícios não estão disponíveis para o Irão, mas uma grande parte do consumo de energia dos edifícios está relacionada com o sector do equipamento de refrigeração e ar condicionado. Por conseguinte, qualquer esforço para reduzir o consumo de energia neste sector é muito valioso. Existem vários problemas relacionados com a utilização de sistemas de ar condicionado. Para além do aumento do consumo de energia nos edifícios, outros efeitos importantes são - um aumento do pico de carga do consumo de eletricidade - problemas ambientais devido à destruição da camada de ozono e ao aquecimento global - problemas de qualidade do ar no interior do edifício. Os principais problemas ambientais dos sistemas de ventilação. O ar condicionado inclui: - Poluentes causados pelos refrigerantes utilizados no ar condicionado, que causam a destruição da camada de ozono e o aquecimento global. Só a poluição causada pelos fluidos refrigerantes constitui 64% da produção total de CFC (clorofluorocarbonetos) e HCFC (hidroclorofluorocarbonetos). - O consumo de energia dos sistemas de ar condicionado está na origem da produção. Os sistemas comuns de ar condicionado que utilizam equipamentos eléctricos e mecânicos e refrigerantes são classificados como sistemas activos e, em contraste com os sistemas que não utilizam os equipamentos acima referidos ou, se os utilizam, uma pequena quantidade de eletricidade e ou utilizam combustível fóssil, são designados por inactivos.

Corpo do texto

Em geral, o rácio de calor absorvido por unidade de energia eléctrica gasta para este trabalho é designado por coeficiente de desempenho elétrico (COP) desse sistema. Para definir com maior precisão a fronteira do arrefecimento passivo com outros tipos, os sistemas de arrefecimento que têm (COP) igual ou inferior a 4 são designados por sistemas activos. Os sistemas que requerem uma ventoinha ou bomba mas têm um COP superior a 4 são designados por sistemas de arrefecimento duplo. Para reduzir o consumo de energia e os efeitos ambientais nocivos dos actuais sistemas de ar condicionado, as medidas possíveis são - Projetar edifícios com base nas condições ambientais especiais das cidades, de modo a utilizar tecnologias de energias renováveis para satisfazer as necessidades de arrefecimento do edifício. Isto inclui a utilização de tecnologias de arrefecimento passivas e duplas para reduzir o consumo de energia de arrefecimento e melhorar o conforto térmico. Utilização de materiais mais adequados e utilização de mais espaços verdes para dissipar o calor. Além disso, devem ser consideradas outras soluções alternativas para reduzir os efeitos ambientais nocivos dos sistemas de ar condicionado, que incluem - Utilização de equipamentos de ar condicionado com maior eficiência para edifícios que utilizem fontes de energia renováveis ou calor residual - Utilização de sistemas de produção de frio centralizados e semi-centralizados e criação de uma rede de distribuição baseada em energias renováveis ou calor residual (district cooling), juntamente com a gestão da procura. É de notar que nenhum dos casos acima referidos pode ser considerado como uma solução separada. A natureza interligada dos factores que afectam a eficiência do funcionamento dos edifícios durante o verão exige que qualquer ação neste sentido seja levada a cabo de forma integrada, utilizando uma combinação dos métodos mencionados. Está provado que as técnicas de arrefecimento passivo podem ser muito eficazes e dar um grande contributo para a redução da carga de arrefecimento dos edifícios. Até à data, foram concebidos e testados vários sistemas de arrefecimento passivo. O sistema de arrefecimento passivo demonstrou ser capaz de proporcionar conforto térmico e qualidade do ar interior a um nível excelente com baixo consumo de energia. A proteção do edifício contra os ganhos térmicos e a radiação solar pode incluir paisagismo e a utilização de espaços exteriores e semi-exteriores. A proteção contra os ganhos térmicos e a radiação solar pode incluir o paisagismo e a utilização de espaços exteriores e semi-exteriores. O ajuste do ganho térmico do edifício está relacionado com a capacidade de armazenamento térmico da estrutura do edifício. Esta solução reduz as cargas de arrefecimento de pico e ajusta a temperatura interna descarregando o calor nas horas de menos calor. Quanto maior for a flutuação da temperatura ambiente no exterior do edifício, mais importante será o efeito da capacidade de armazenamento térmico. O ciclo de armazenamento e descarga de calor deve ser combinado com outros métodos de remoção de calor, como a ventilação nocturna, para que a fase de descarga de calor não aumente a carga de arrefecimento do edifício. Embora os métodos de proteção contra o calor e a luz solar, bem como o ajuste térmico, sejam necessários e úteis, não são suficientes para tornar o edifício desnecessário em relação aos equipamentos e métodos comuns de ar condicionado e refrigeração. Para ser independente dos sistemas de ar condicionado comuns e criar condições de conforto térmico no interior do edifício, é necessário dispor de poços térmicos adequados para remover o excesso de calor do edifício. Estes métodos incluem a remoção do excesso de calor do edifício para um poço térmico natural com uma temperatura inferior à temperatura ambiente. O processo de remoção do excesso de calor depende de duas condições básicas: a disponibilidade de um poço térmico natural. Estabelecimento de uma ligação térmica adequada entre o edifício e o poço térmico, para além de existir uma diferença térmica adequada para a transferência de calor. Os principais métodos de remoção de calor são: arrefecimento com a ajuda do solo com base na utilização do solo, arrefecimento evaporativo e deslocamento utilizando o ar como poço de calor e arrefecimento por radiação utilizando o céu. O potencial dos métodos de remoção de calor depende muito das condições climatéricas. Se for utilizado equipamento mecânico para facilitar a transferência de calor, então este tipo de processo de arrefecimento é designado por arrefecimento duplo. Como explicado anteriormente, os métodos de remoção de calor baseiam-se na transferência do excesso de calor do edifício para um poço térmico natural com baixa temperatura. Os principais poços térmicos naturais são o ar ambiente, o solo e o céu. Um tipo de arrefecimento em que o calor é transferido para o ar ambiente é designado por arrefecimento por convecção. Se for utilizada água em vez de ar neste processo, o método é designado por arrefecimento por evaporação e, se a terra ou o céu forem utilizados como poços de calor, designa-se por arrefecimento da terra ou arrefecimento por radiação, respetivamente. O arrefecimento por deslocamento com a ajuda da ventilação é um método eficaz para melhorar as condições de conforto interior, a qualidade do ar interior e reduzir a temperatura. Normalmente, este método limita-se à ventilação nocturna, mas se a temperatura exterior for inferior à temperatura interior do edifício, também pode ser utilizado durante o dia. O arrefecimento por deslocamento pode ser natural, mecânico ou duplo. A ventilação natural pode dever-se à força do vento, à diferença de temperatura no interior e no exterior do edifício, ou a ambas. Devido à forte diminuição da velocidade do vento em ambientes urbanos densos, o potencial de utilização deste método nestes locais é muito reduzido. A colocação exacta e calculada de aberturas em edifícios que são arrefecidos naturalmente será um parâmetro importante e influente na eficácia deste sistema. O arrefecimento evaporativo inclui todos os processos em que o calor sensível do fluxo de ar é combinado com o calor latente. Podem ser trocadas gotas de água ou uma superfície húmida. O arrefecimento evaporativo pode ser direto ou indireto. Nos arrefecedores evaporativos directos, o ar entra em contacto direto com a água ao passar por placas de fibra húmida. Como resultado, a temperatura do ar diminui 72 a 82%, a diferença entre a temperatura da bolha seca e a bolha mais húmida diminui. Se o ar passar por um permutador de calor que utiliza um fluxo secundário de ar ou água, o sistema é designado por indireto. Neste sistema, a temperatura da bolha de ar seco aumenta sem aumentar a humidade do ar. Durante o verão, a temperatura do solo a uma certa profundidade é significativamente mais baixa do que a temperatura ambiente. Por conseguinte, o solo pode ser utilizado como um poço térmico adequado para remover o excesso de calor do edifício. Foram propostos dois métodos gerais para utilizar o solo como dissipador de calor: arrefecimento por contacto direto com o solo;

- Arrefecimento por tubos enterrados no solo. Os edifícios que têm contacto direto com o solo têm muitas vantagens, como a baixa penetração de ar e perda de calor, a proteção contra o calor e a luz solar e a redução do ruído e das vibrações. Mas, por outro lado, também lhes foram atribuídos vários defeitos, como a humidade do interior, a pouca luz do dia e a baixa qualidade do ar interior. O segundo método baseia-se no enterramento de tubos de metal ou PVC a uma profundidade de 2 a 5 metros. O ar ambiente ou do edifício entra nestes tubos e entrará no edifício após o arrefecimento. A base do arrefecimento por radiação baseia-se na rejeição de calor através da emissão de radiação térmica de longo comprimento de onda de um edifício para o céu noturno, que tem uma temperatura inferior à temperatura ambiente. É estável. Em geral, existem dois métodos de utilização do arrefecimento por radiação: - arrefecimento por radiação direta ou passiva - sistema de arrefecimento por radiação dupla. No primeiro método, o invólucro do edifício absorve o calor do interior do edifício e emite-o sob a forma de radiação para o céu, provocando o arrefecimento do interior. Está a ser construído. Devido a razões físicas, a parte do edifício que emite a radiação máxima é o telhado. Os lagos de telhado estão incluídos nesta categoria. Nesta conceção, é criada uma piscina de água larga e pouco profunda no telhado do edifício e, durante a noite, a água da piscina é arrefecida por evaporação e arrefecimento por radiação. Depois, durante o dia, o calor é absorvido do interior do edifício através da condução térmica. Estes lagos têm diferentes tipos e podem ser pulverizados para facilitar a evaporação da água, o fluxo de água no seu interior, ou ter uma cobertura isolante para proteção contra a energia radiante do sol durante o dia. Num dos tipos mais bem sucedidos de lagos de telhado, chamado ski-therm, o telhado é coberto por sacos cheios de água e é colocada uma cobertura isolante móvel. Este sistema tem a capacidade de absorver o calor do exterior durante o dia e de o fornecer ao edifício durante a noite, além de proporcionar arrefecimento no verão. A ação de arrefecimento é feita por radiação para o céu noturno (sem evaporação). Um exemplo prático destes sistemas foi utilizado no edifício do Carnegie Research Institute for Global Ecology. Neste sistema, a água é pulverizada sobre a superfície do telhado por bocais e uma fina camada de água flui sobre a superfície do telhado. A água é arrefecida pelo mecanismo da radiação do céu noturno e da evaporação e é armazenada num tanque de armazenamento para ser utilizada no dia seguinte. Um refrigerador com uma capacidade de arrefecimento de 25 toneladas também se destina a ser utilizado em dias muito quentes. No método do sistema de arrefecimento por dupla radiação, a parte radiante não é a casca do edifício, mas geralmente uma placa de metal. O desempenho de tal dispositivo é o oposto de um coletor solar de placa plana. Durante a noite, o ar ou a água é arrefecido ao rodar sob a placa de metal e depois enviado para o interior do edifício. Se o fluido utilizado for a água, pode ser utilizado um depósito de armazenamento isolado para a armazenar. Durante a noite, a água no tanque é continuamente passada através do radiador pela bomba para reduzir a sua temperatura por radiação para o céu. Depois, a água armazenada pode ser utilizada para arrefecer no dia seguinte. Examinando os sistemas de ar condicionado, podemos chegar à conclusão de que os dois sistemas de refrigeração por absorção solar e o sistema de dessecante sólido têm mais capacidades comerciais do que outros sistemas e, atualmente, a utilização de refrigeradores de absorção solar para utilizar a energia solar no edifício com atenção às instalações de fabrico nacionais é tecnicamente possível. E nós, no Irão, podemos promover a cultura de utilização de sistemas de ar condicionado que utilizem energia solar em vez de energia fóssil. Considerando que os recursos de combustíveis fósseis estão a esgotar-se, temos de pensar num plano para ser uma alternativa ao fornecimento de sistemas de máquinas, uma das energias que pode ser substituída é a energia solar. Os sistemas de ar condicionado consomem normalmente muita energia, e se pudermos utilizar a energia solar nestes sistemas, criámos uma grande revolução, porque hoje em dia a tecnologia avançou de tal forma que os especialistas conseguiram gerar a energia necessária para o funcionamento deste aparelho utilizando células solares. O sistema de arrefecimento solar (ar condicionado solar) é outro método eficiente de utilização da energia solar, que provoca o arrefecimento do ar condicionado nas nossas casas. Especialmente nas zonas quentes, onde há muito sol, a utilização do sistema de arrefecimento solar traz muitas vantagens para as pessoas dessas zonas. Ao contrário de outros sistemas solares, como os aquecedores solares de água, no sistema de arrefecimento solar, a maior procura de arrefecimento ocorre quando a radiação da energia solar é maior, pelo que a combinação da energia térmica do sol com o sistema de arrefecimento solar é muito atractiva. Em climas ensolarados, nas estações quentes, o ar aquece desfavoravelmente, pelo que a necessidade de um sistema de ar condicionado para criar ar fresco e conforto é fortemente sentida. Embora os sistemas de ar condicionado eléctricos tenham atingido elevados padrões de qualidade, a maioria dos sistemas de refrigeração utiliza compressores e tem um consumo de eletricidade muito elevado. Por conseguinte, no futuro, os sistemas de refrigeração necessitam de uma energia renovável para fornecer a sua energia de entrada, mas talvez, à primeira vista, a utilização da energia solar para criar refrigeração (ar condicionado solar) pareça um pouco confusa, porque o sol é uma fonte de calor e como produzir frio a partir desse calor. No entanto, ao combinar o aquecimento por energia solar e a tecnologia do sistema de absorção, o calor do ar pode ser utilizado para criar arrefecimento em edifícios com ar condicionado ou diretamente para criar eletricidade. O compressor utilizou-o. Naturalmente, o sol tem uma grande quantidade de radiação, que pode ser convertida em energia eléctrica com a ajuda de células fotovoltaicas e utilizada no compressor do sistema de refrigeração por compressão. Em palavras simples, a energia que vem do sol é recebida como energia solar. O sol é uma das fontes de energia conhecidas para nós, humanos, e a quantidade de energia que nos chega do sol é extraordinária. 97% da energia da Terra provém do sol e da energia solar, que foi transformada em energia noutras formas ao longo de milhões de anos. Durante séculos, nós, humanos, utilizámos a energia solar para produzir produtos agrícolas, extrair sal do mar, etc. Mas, finalmente, aprendemos a converter a energia solar em eletricidade utilizando painéis solares fotovoltaicos. Claro que nem toda a energia solar pode ser recebida. 71% desta energia é absorvida pela Terra, o que é potencialmente útil para nós, humanos, e o resto é refletido no espaço. Embora tenham passado cem anos desde a invenção dos aquecedores solares de água, passaram vinte anos. No passado, houve um progresso significativo na tecnologia do revestimento absorvente dos aquecedores solares de água, de modo que agora os colectores de aquecedores solares de água podem armazenar e transferir mais de 55% da energia recebida do sol para o spa. A utilização da energia solar pode ser uma alternativa adequada ao consumo de combustíveis fósseis nos edifícios e é considerada uma das formas mais eficazes de reduzir a produção de gases com efeito de estufa. A utilização desta energia limpa, pelo facto de ser gratuita, pode ter um impacto significativo na redução dos custos energéticos das famílias. O uso excessivo de combustíveis fósseis no último século chamou a atenção de todo o mundo para esta questão, e a procura de uma solução para resolver este problema, porque o uso excessivo de energia fóssil fez com que o uso de energia solar no ar condicionado se tornasse uma das soluções. Nos últimos 100 anos, o uso de energia fóssil tem feito com que a concentração de dióxido de carbono na atmosfera aumente. atingindo os 35%, e esta questão tem confundido as mentes da maioria dos cientistas porque se esta tendência continuar, não haverá certamente um futuro interessante para a humanidade, e a continuação desta tendência ameaça o futuro da humanidade. A saúde dos seres vivos, especialmente dos seres humanos, sobretudo através da produção de gases com efeito de estufa e do fenómeno do aquecimento global, das chuvas ácidas e de outros fenómenos ambientais, fez com que a atenção do mundo se voltasse para a utilização de outros tipos de combustível. A disponibilidade de energia barata e abundante, com riscos ambientais e ecológicos mínimos associados à sua produção e utilização, é um dos factores mais importantes para otimizar a qualidade de vida das populações dos países em desenvolvimento. Atualmente, muitos cientistas e pessoas em todo o mundo acreditam nisto. Em breve, a energia solar tornar-se-á a energia mais consumida no planeta, porque todos sabemos que a energia fóssil é limitada e se esgotará ao fim de vários anos. Mas nos países desenvolvidos, especialmente nos países que não dispõem de combustíveis fósseis, compreenderam a importância desta questão muito mais cedo do que outros países e utilizam muito mais a energia solar e até utilizam a energia solar no ar condicionado. Os sistemas solares de ar condicionado têm muitas vantagens na poupança do consumo de combustível dos edifícios e na preservação do ambiente. Mas estes sistemas têm características técnicas e económicas próprias que têm dificultado a sua expansão. Um dos sistemas de ar condicionado mais comuns que O sistema dessecante utiliza a energia solar ou sistemas de absorção de líquidos e sólidos. Um dos pontos que deve saber é que o verão é muito cansativo e pode reduzir a eficiência do trabalho dos seres humanos e, no passado, foi inventado um dispositivo para tornar estas condições difíceis muito agradáveis para os seres humanos e arrefecer o ar. O aumento do nível de vida nos países e o progresso em vários domínios, bem como o aumento da população, provocam um aumento do consumo de energia. Por outro lado, os combustíveis fósseis, especialmente os produtos petrolíferos, geram gases perigosos, como o monóxido de carbono e o dióxido de carbono. A produção de um sistema de refrigeração em circuito fechado pode ser utilizada com qualquer sistema de ar condicionado, como um aparelho de ar condicionado ou um ventiloconvector, ou na bombagem de água fria na tubagem do telhado e da parede do edifício. Num processo de circuito fechado, o refrigerante não entra em contacto direto com o ambiente. Chama-se circuito fechado porque o refrigerante circula num circuito fechado na tubagem. O ar filtrado é arrefecido e passa por um desumidificador e por várias fases de arrefecimento para se tornar ar condicionado. O chiller de absorção é o núcleo do circuito solar altamente aquecido que remove o calor no ciclo de arrefecimento por absorção solar. O coletor solar recebe a energia térmica do sol e os chillers têm a capacidade de criar arrefecimento de acordo com a água quente que entra neles. O coletor solar de placa plana ou o coletor de tubo de vácuo podem ser utilizados para absorver o calor e criar um sistema de arrefecimento solar. O tamanho e o tipo de coletor solar podem ser determinados com base na temperatura de funcionamento do arrefecimento por absorção solar e na quantidade de energia solar disponível. Para além da utilização do sistema de arrefecimento solar, este pode ser utilizado com o sistema de arrefecimento solar passivo em dias de sol. No sistema solar passivo, através da arquitetura do edifício, é possível absorver a quantidade máxima de energia solar para manter a casa quente no inverno e, no verão, o fluxo natural de ar no edifício e a direção do edifício podem manter o espaço da casa fresco. Muitos edifícios em todo o mundo sofrem de dias quentes e noites frias, podem usar a capacidade de absorção de calor em paredes espessas, que são chamadas paredes de Trombe, ou outras estruturas de betão podem ser usadas para absorver a energia diária. Se houver necessidade de outro espaço de arrefecimento, o sistema de arrefecimento solar pode ser utilizado pulverizando água no telhado e criando arrefecimento a partir da evaporação da água, ou utilizando sistemas solares activos ou passivos. As fontes de energia não renováveis sempre foram limitadas. No mundo atual, e devido ao aumento da população e ao consequente aumento do consumo de energia, esta limitação tornou-se mais grave. Por isso, os recursos energéticos como o gás, o petróleo, etc. estão a diminuir rapidamente. Entretanto, a utilização de energias renováveis, como o vento, o sol, etc., é necessária para satisfazer as necessidades humanas. Se os países forem capazes de utilizar fontes de energia renováveis, o aquecimento global será evitado e os custos da utilização de combustíveis fósseis também serão reduzidos. É por esta razão que a utilização da energia solar na construção de edifícios se tornou popular atualmente. No Grupo de Construção Fractal, queremos analisar a utilização de painéis solares na construção de edifícios, bem como as vantagens e as várias aplicações da utilização da energia solar nos edifícios. A energia solar é uma das melhores energias naturais que está facilmente disponível e, ao mesmo tempo, tem uma eficiência muito elevada. A energia solar que chega à terra através da radiação do sol é livre de poluição lateral e pode produzir uma energia muito elevada num curto período de tempo. Esta energia é uma das fontes gratuitas de fornecimento de energia limpa sem qualquer dano ambiental, o que atualmente se deve à crise energética e é utilizada para minimizar a contaminação. Na construção de edifícios, devido à falta de utilização de materiais de qualidade e de um isolamento adequado, a quantidade de consumo de energia e o seu desperdício no edifício aumentaram muito. O custo dos combustíveis fósseis e de outras energias é muito elevado e os moradores do edifício têm de pagar custos exorbitantes para pagar as facturas. Mas a energia solar é uma fonte disponível e gratuita que pode ser utilizada para vários fins no edifício. Por exemplo, este tipo de energia é utilizado para aquecer a água necessária aos esquentadores para o aquecimento do edifício ou para produzir eletricidade. . Os sistemas de arrefecimento e aquecimento e os aquecedores solares de água reduzem significativamente o consumo de energia no edifício e desempenham um papel eficaz na vida do edifício. Em princípio, os sistemas solares estão também equipados com um sistema auxiliar para que possam ser utilizados quando a quantidade de energia solar não é suficiente para fornecer a energia necessária ao edifício. A energia solar, enquanto "energia verde", ganhou uma popularidade espantosa nas últimas décadas e é amplamente utilizada, uma vez que cada vez mais casas, escritórios e unidades industriais optam pela "energia limpa" para suprir as suas necessidades. Como falámos sobre a energia solar no início deste artigo, os grupos de construção estão a considerar a energia solar por razões surpreendentes, tais como: é uma fonte de energia renovável, limpa e gratuita que está disponível. O objetivo é minimizar o consumo de energia e utilizar a energia solar alternativa, que tem muitas vantagens, ou, por outras palavras, otimizar a utilização da energia. A energia solar pode facilmente fornecer a água quente necessária para os sistemas de aquecimento. Os tubos de água são instalados no telhado para ficarem perto dos painéis solares. Depois de aquecer a água, estes tubos bombeá-la-ão para as unidades do edifício. Se utilizar coberturas solares para as piscinas, pode facilmente aquecer a água da piscina utilizando a energia solar. Os painéis de aquecimento de água quente são normalmente instalados nos telhados dos edifícios. Depois de receberem e absorverem o calor do sol, estas placas direccionam-no para a água das piscinas. A presença de bombas de água nos edifícios é essencial, e a energia necessária para que estas bombas façam circular a água é fornecida através da eletricidade. Mas se a energia solar for utilizada na construção dos edifícios, é fácil utilizar células solares para fornecer a energia necessária às bombas de água. Até a eletricidade necessária para a iluminação das unidades de construção pode ser fornecida através de painéis solares. Depois de converter a energia solar em eletricidade, esta corrente é convertida em eletricidade AC por inversores especiais. Ao utilizar a energia eléctrica fornecida pelos painéis solares, podem ser utilizados muitos equipamentos eléctricos das casas. Os ventiladores solares e os sistemas de ventilação são outra utilização da energia solar na construção de edifícios. Os sistemas de ventilação solar optimizam o consumo de energia e reduzem os custos. Os aparelhos de ar condicionado, como as ventoinhas das casas de banho e os exaustores de cozinha, estão ligados a maior parte do dia. Por isso, têm um elevado consumo de energia e uma grande desvalorização. Mas se a energia solar for utilizada para instalar estes sistemas, os custos do consumo de energia também serão muito reduzidos. Devido ao aumento da população e à sua relação direta com o consumo de energia, acabando por provocar poluição ambiental e impacto na vida dos animais e plantas, é urgente poupar energia, tendo em conta que a energia do sol é abundante na natureza e pode ser reabastecida e utilizada sempre que necessário. Os edifícios com energia solar em manutenção são muito eficientes em termos energéticos em muitos aspectos. Ao utilizar as mais recentes tecnologias de energia solar, os edifícios podem poupar cerca de 35-45% no seu consumo de energia. Além disso, quando se produz mais energia do que a que se consome, é possível tornar-se proprietário de um edifício com energia zero. Sem dúvida, os edifícios solares são mais eficientes no consumo de energia com a utilização correcta da tecnologia. Pode ser estranho ouvir o termo "arrefecimento solar" pela primeira vez e pode perguntar-se como é que a energia do sol e o calor que ele cria podem ser utilizados para arrefecimento nas estações quentes. Outro método eficiente de utilização da energia solar é o sistema de arrefecimento solar que arrefece o ar condicionado das nossas casas. Especialmente em zonas quentes e secas, onde há muito sol, a utilização do sistema de arrefecimento solar traz muitas vantagens para as pessoas dessas zonas. Ao contrário de outros sistemas solares, como os aquecedores solares de água, no sistema de arrefecimento solar, a maior procura de arrefecimento ocorre quando há mais radiação solar. Por isso, a combinação da energia solar térmica com o sistema de arrefecimento solar é muito atractiva. No sistema de arrefecimento solar, o calor gerado pelo sol é utilizado como força motriz para o arrefecimento. Os equipamentos de refrigeração, como os chillers de absorção, são utilizados há décadas. Embora os sistemas eléctricos de ar condicionado tenham atingido um elevado padrão e qualidade, uma vez que a maioria dos sistemas de refrigeração utiliza compressores, têm um consumo de eletricidade muito elevado. . Por conseguinte, de acordo com este ponto, num futuro próximo, os sistemas de refrigeração necessitarão de uma fonte de energia renovável para fornecer energia de entrada. Depois de ver o título do artigo, pode ter uma dúvida vaga, e o título pode parecer um pouco confuso, por causa da energia solar. Como é que é utilizada para a refrigeração, porque o sol é a maior fonte de energia térmica e como é que se pode produzir frio a partir do seu calor? Ao combinar o aquecimento por energia solar e a tecnologia dos sistemas de absorção, o calor do ar pode ser utilizado para criar arrefecimento no interior dos edifícios. Pode ser utilizado no ar condicionado ou diretamente para gerar eletricidade para o compressor. Naturalmente, a radiação solar pode ser convertida em energia eléctrica com a ajuda de células fotovoltaicas e pode ser utilizada no compressor do sistema de refrigeração. De facto, a disponibilidade da luz solar durante todo o ano facilita a aplicação deste método em todo o mundo, e reconhece-se que o mercado do ar condicionado está atualmente num estado volátil, e as tecnologias de arrefecimento solar estão a tornar-se. Atualmente, todo o consumo de energia no mundo está a aumentar drasticamente. O homem progressista de hoje precisa de energia para todas as suas tarefas diárias, pelo que, sem ela, a sua vida será perturbada. O problema da perda das actuais fontes de petróleo e de outros combustíveis fósseis num futuro não muito distante fez com que os especialistas em áreas científicas, bem como os responsáveis com visão de futuro de muitos países avançados do mundo, se preparassem para a substituição por outros tipos de energia. Entretanto, o sol e a energia do seu calor, como fonte duradoura e rica, atraem a maior parte da atenção dos investigadores. Apesar disso, atualmente, a utilização da energia solar através das novas ciências e técnicas e mesmo dos métodos e regras arquitectónicas tradicionais é muito reduzida. Hoje em dia, a este respeito, presta-se pouca atenção às características climáticas e à utilização correcta dos materiais de construção, na medida em que as pessoas podem observar exemplos semelhantes de construção de edifícios em diferentes locais e climas. A utilização da energia solar em edifícios é uma das mais antigas utilizações desta energia, e esta coleção de investigação está relacionada com os sistemas de aquecimento e arrefecimento solar em edifícios. Em geral, a energia solar é utilizada de forma natural e não natural para aquecer e arrefecer edifícios. Os sistemas que permitem a utilização natural da energia solar sem recurso a equipamento mecânico são designados por sistemas naturais ou passivos, e os sistemas que utilizam a energia solar com a ajuda de dispositivos mecânicos são designados por sistemas não naturais ou activos. Nesta coleção, foram examinados os princípios de funcionamento e as generalidades dos sistemas naturais e não naturais de aquecimento. O papel da energia na economia global destaca a importância da energia. A este respeito, o desenvolvimento e a expansão das teorias e aplicações energéticas conduziram a novos métodos para a compatibilização das questões energéticas e ambientais. O acesso dos países em desenvolvimento a todos os tipos de novas fontes de energia é de importância fundamental para o seu desenvolvimento económico, e novas investigações demonstraram que existe uma relação direta entre o nível de desenvolvimento de um país e o seu consumo de energia. Considerando as reservas limitadas de energia fóssil e o aumento do nível de consumo de energia no mundo atual, já não é possível confiar nas fontes de energia existentes. A energia desempenha um papel muito importante no desenvolvimento da civilização humana. Devido ao facto de o consumo de energia no sector da construção ser responsável pela maior parte do consumo no mundo. O esforço global para reduzir a poluição, bem como a redução dos recursos energéticos globais e o facto de os edifícios serem responsáveis por uma grande parte do consumo mundial de energia primária. Uma das formas de reduzir o consumo de energia é evitar o seu desperdício. Entre as aplicações térmicas da energia solar, os sistemas solares combinados têm recebido mais atenção em termos tecnológicos e económicos do que outras aplicações térmicas da energia solar no mundo. A razão para a preferência por estes sistemas no fornecimento de água quente e aquecimento solar é a necessidade de um nível de temperatura médio, que é proporcionado pela utilização de um coletor de placa plana e a um custo inferior ao de outros colectores. Os sistemas convencionais de aquecimento e arrefecimento são responsáveis pela libertação de uma grande quantidade de dióxido de carbono para o ambiente, bem como pela utilização de refrigerantes nocivos ao efeito de estufa e ao potencial de destruição da camada de ozono. A luz solar é uma forma de energia limpa que é necessária para quase todos os processos naturais na Terra. As fontes de energia renováveis estão agora prontas para produzir um novo mundo no mundo. Estes recursos são abundantes, não poluentes e praticamente inesgotáveis. Além disso, a energia solar é o mecanismo impulsionador de outras fontes de energia renováveis, como a energia eólica, a energia hidroelétrica, a biomassa e a energia animal. A crescente procura de ar condicionado tradicional aumentou a procura de fontes de energia essenciais em todo o mundo. Países como o Egipto podem estimar que 33% da produção de eletricidade do sector doméstico é utilizada para ar condicionado. Isto deve-se principalmente ao aquecimento global e às expectativas de conforto. Pensa-se que os sistemas de ar condicionado convencionais consomem grandes quantidades de energia produzida pela queima de combustíveis fósseis. Os sistemas de ar condicionado fotovoltaicos são mais económicos do que os sistemas de ar condicionado térmicos, pelo contrário, a produção de eletricidade com centrais térmicas solares é mais económica. A crescente procura de ar condicionado tradicional aumentou a procura de fontes de energia essenciais em todo o mundo. Países como o Egipto podem estimar que 36% da produção de eletricidade pelo sector doméstico é utilizada para ar condicionado. Isto deve-se principalmente ao aquecimento global e às expectativas de conforto. Pensa-se que os sistemas de ar condicionado convencionais consomem grandes quantidades de energia produzida pela queima de combustíveis fósseis. Os gases com efeito de estufa emitidos por estes sistemas para a atmosfera são responsáveis pelo aquecimento global e por danos ambientais como as chuvas ácidas e os efeitos nocivos para a saúde humana, por exemplo. Asma . Os sistemas de ar condicionado fotovoltaicos são mais económicos do que os sistemas de ar condicionado térmicos, pelo contrário, a produção de eletricidade com centrais térmicas solares é mais económica. Uma vez que pode utilizar mais luz solar em comparação com um sistema mais fotovoltaico.

Também utiliza o princípio do arrefecimento por absorção solar, o que o torna adequado para utilização em edifícios remotos onde existe excesso de energia térmica. Considerando o elevado consumo de energia no sector da construção no Irão, parece adequado utilizar soluções como a utilização de sistemas estáticos para reduzir o consumo de energia fóssil. A utilização de sistemas estáticos ajuda a melhorar as condições de conforto interno do espaço e reduz o consumo de energia de aquecimento e arrefecimento do edifício. O ciclo utilizado nas instalações de arrefecimento e aquecimento é um ciclo fechado, o que significa que o fluido neste sistema não é consumido, mas apenas desempenha o papel de permutador de calor e frio. O fluido utilizado neste sistema é a água, que desempenha o papel de permutador. O gerador é responsável pelo calor e pelo frio. A razão para a utilização do ciclo fechado é remover a quantidade de sedimentos e oxigénio da água com a operação realizada na água, aumentando assim a vida útil dos dispositivos. Para remover os sedimentos, utiliza-se um dispositivo chamado amaciador de água. Muitas vezes, o sedimento que se forma na água é uma substância que é removida da água através de um amaciador. Não é um edifício porque, em primeiro lugar, os seus sais foram removidos da água e, em segundo lugar, já não é adequado para fins como a lavagem, porque o sabão não faz espuma na água endurecida. Este dispositivo utiliza materiais de resina para endurecer a água, de tal forma que a água passa através de filtros de resina. E a água perde a sua dureza quando passa pelos filtros de resina e, finalmente, passa por seis peneiras com diferentes granularidades. Quando passa pelos seis crivos, também é separada da água, e assim a dureza da água é removida. Depois de algum tempo, os dispositivos de dureza são A razão para os sedimentos formados no seu filtro de resina é que este perde a sua eficácia e, para a descalcificação, utilizam a solução de água salgada que é pulverizada sobre o filtro de resina sob pressão, o que, naturalmente, é feito utilizando o sistema de injeção química. Foi explicado na secção anterior que o ciclo da instalação é um ciclo fechado e que o fluido utilizado é a água, e também que os dispositivos utilizados nas instalações mecânicas são frequentemente feitos de ferro. O ciclo utilizado nas instalações de arrefecimento e aquecimento é um ciclo fechado, o que significa que o fluido neste sistema não é consumido, mas apenas desempenha o papel de permutador de calor e frio. O fluido utilizado neste sistema é a água, que desempenha o papel de permutador. O gerador é responsável pelo calor e pelo frio. A razão para a utilização do ciclo fechado é remover a quantidade de sedimentos e oxigénio da água com a operação realizada na água, aumentando assim a vida útil dos dispositivos. Para remover os sedimentos, utiliza-se um dispositivo chamado amaciador de água. Muitas vezes, o sedimento que se forma na água é uma substância que é removida da água através de um amaciador. Não é um edifício porque, em primeiro lugar, os seus sais foram removidos da água e, em segundo lugar, já não é adequado para fins como a lavagem, porque o sabão não faz espuma na água endurecida. Este dispositivo utiliza materiais de resina para endurecer a água, de tal forma que a água passa através de filtros de resina. E a água perde a sua dureza quando passa pelos filtros de resina e, finalmente, passa por seis peneiras com diferentes granularidades. Quando passa pelos seis crivos, também é separada da água, e assim a dureza da água é removida. Depois de algum tempo, os dispositivos de dureza são A razão para os sedimentos formados no seu filtro de resina é que este perde a sua eficácia e, para a descalcificação, utilizam a solução de água salgada que é pulverizada sobre o filtro de resina sob pressão, o que, naturalmente, é feito utilizando o sistema de injeção química. Foi explicado na secção anterior que o ciclo da instalação é um ciclo fechado e que o fluido utilizado é a água, e que os dispositivos utilizados nas instalações mecânicas são muitas vezes feitos de ferro. instalações. A corrosividade do oxigénio nos metais ocorre frequentemente de forma local, criando buracos nas superfícies metálicas da caldeira, a fronteira entre a fase líquida e a fase de vapor, e a corrosividade do gás carbónico ocorre de forma uniforme e gradual nas superfícies metálicas. A criação de bolhas de gás é diretamente proporcional à espessura da caneta líquida e à força de tensão superficial do líquido. A fase de vapor e a fase líquida devem ter uma superfície de contacto suficiente. Os sistemas de aquecimento central dividem-se nas seguintes formas, com base no tipo de transportador de calor, na temperatura e na forma como a água circula. Obviamente, neste caso, o sistema já não pode funcionar à pressão atmosférica, mas a pressão do sistema deve ser aumentada de modo a que a água não se transforme em vapor a altas temperaturas. Neste sistema, é utilizada a fonte de expansão de correia. Para além da tarefa de compensar as flutuações de volume do sistema de água causadas por alterações na temperatura da água, esta fonte é responsável por criar a pressão adequada através de uma almofada de ar com vapor ou um gás eficaz, como o azoto, que ocupa metade do volume da fonte. É responsável por colocar calor no material de transferência de calor. Para escolher uma caldeira, é necessário determinar a carga térmica total do edifício, que é composta pelas perdas de calor das divisões, mais a carga térmica do consumo de água quente. Com a porta na mão, é possível determinar o tipo de caldeira consoante o material de transferência de calor seja o vapor ou a água quente. Estas caldeiras são feitas de peças de ferro fundido que são fechadas como peças que são colocadas juntas. Podem ser utilizadas para sistemas de aquecimento central com água quente, água quente e vapor de baixa pressão. Estas caldeiras são fabricadas em dois tipos, com tubos de fogo e com bolhas de água. Nesta caldeira, o fogo é o resultado da combustão do combustível através dos tubos que circulam pela água. estão rodeados Nesta caldeira, ao contrário do primeiro tipo, a água circula nos tubos e o fogo rodeia os tubos. A capacidade deste tipo de caldeira é superior à do tipo anterior. Embora todas as partes do sistema de aquecimento central tenham o seu próprio valor e importância para o aquecimento ótimo do edifício, o coração do sistema de aquecimento central é, sem dúvida, o queimador. A investigação, as invenções e a utilização de diferentes energias estão entre os passos mais básicos e importantes que os seres humanos deram ao longo da história no caminho para o progresso das suas sociedades. O crescimento da ciência, da indústria e da tecnologia no mundo atual transformou as diferentes formas de utilização da energia que eram comuns na era anterior à revolução industrial, e o reconhecimento de novas fontes de energia provocou uma enorme transformação no desenvolvimento industrial e na evolução social humana. O sol é a causa e a fonte de várias energias que existem na natureza, incluindo: os combustíveis fósseis que estão armazenados nas profundezas da terra, a energia das quedas de água e do vento, o crescimento das plantas que a maioria dos animais e dos seres humanos utilizam para a sua sobrevivência, as substâncias orgânicas que podem ser convertidas em energia térmica e mecânica, as ondas dos mares, o poder das marés, que são obtidas com base na gravidade e no movimento da terra em torno do sol e da lua, todos estes são símbolos da energia do sol. A energia nuclear pode ser considerada uma exceção geral, embora seja hoje conhecida como uma das mais importantes fontes de produção de energia no mundo. A energia atómica requer uma tecnologia muito avançada e dispendiosa, e os seus possíveis riscos e desvantagens devem ser tidos em conta na sua utilização. Ao estudar a história dos seres humanos, verifica-se que a única energia utilizável pelo primeiro homem era a sua força física. Passou muito tempo até conseguir satisfazer as suas necessidades domesticando animais e contratando outros seres humanos, bem como queimando árvores. Finalmente, o homem aumentou o seu poder material de uma forma sem precedentes ao obter recursos de combustíveis fósseis como o carvão, o petróleo e o gás. A utilização da energia eólica em moinhos e turbinas, a navegação e a utilização da energia hídrica em rodas de água e turbinas, após O desenvolvimento de métodos científicos e da tecnologia humana tornou-se possível. O acesso às leis físicas e aos princípios científicos das diferentes energias e à forma de as utilizar de diferentes maneiras facilitou a vida do homem e a sua forma de pensar centrou-se nas coisas materiais. A forte dependência das sociedades industriais das fontes de energia. Especialmente os combustíveis petrolíferos e a sua utilização e consumo excessivos drenam os enormes recursos que se formaram nas camadas subterrâneas da terra ao longo de muitos séculos. Considerando que as fontes de energia subterrâneas estão a ser consumidas a uma velocidade extraordinária e que, num futuro não muito distante, não restará nada delas, a geração atual tem o dever de se voltar para fontes de energia que tenham uma longa vida e potência e de utilizar os seus conhecimentos O sol é uma das duas importantes fontes de energia a que se deve recorrer, porque não requer tecnologias avançadas e dispendiosas e pode ser utilizado como uma fonte útil e fornecedora de energia na maior parte do mundo. Além disso, a sua utilização, ao contrário da energia nuclear, não deixa quaisquer perigos e efeitos adversos e, para os países que não dispõem de recursos energéticos subterrâneos, é a forma mais adequada de obter energia e crescimento e desenvolvimento económico. Tecnologia simples, não poluindo o ar e o ambiente. A vida e, sobretudo, o armazenamento de combustíveis fósseis para as gerações futuras, ou a sua conversão em materiais e artefactos valiosos através de técnicas petroquímicas, são uma das principais razões que revelam a necessidade da utilização da energia solar para o nosso país. A conversão da energia solar é benéfica. É desejável, mas as possibilidades económicas de diferentes planos devem ser medidas com precisão. Atualmente, é tecnologicamente possível utilizar a energia térmica do sol para aquecer as habitações. Em termos económicos, devido ao aumento constante do preço dos combustíveis fósseis e de outras fontes de energia e aos esforços dos especialistas para reduzir o custo das matérias-primas e do equipamento necessário para recolher o calor e os raios solares, os investigadores e cientistas foram incentivados a estudar e otimizar os sistemas solares e a progredir. A investigação e as invenções e a utilização de diferentes energias estão entre os passos mais básicos e importantes que os seres humanos deram ao longo da história no caminho para o progresso das suas sociedades. O crescimento da ciência, da indústria e da tecnologia no mundo atual transformou as diferentes formas de utilização da energia que eram comuns na era anterior à revolução industrial, e o reconhecimento de novas fontes de energia provocou uma enorme transformação no desenvolvimento industrial e na evolução social humana. O sol é a causa e a fonte de várias energias que existem na natureza, incluindo: os combustíveis fósseis que estão armazenados nas profundezas da terra, a energia das quedas de água e do vento, o crescimento das plantas que a maioria dos animais e dos seres humanos utilizam para a sua sobrevivência, as substâncias orgânicas que podem ser convertidas em energia térmica e mecânica, as ondas dos mares, o poder das marés, que são obtidas com base na gravidade e no movimento da terra em torno do sol e da lua, todos estes são símbolos da energia do sol. A energia nuclear pode ser considerada uma exceção geral, embora seja hoje conhecida como uma das mais importantes fontes de produção de energia no mundo. A energia atómica requer uma tecnologia muito avançada e dispendiosa, e os seus possíveis riscos e desvantagens devem ser tidos em conta na sua utilização. Ao estudar a história dos seres humanos, verifica-se que a única energia utilizável pelo primeiro homem era a sua força física. Passou muito tempo até conseguir satisfazer as suas necessidades domesticando animais e contratando outros seres humanos, bem como queimando árvores. Finalmente, o homem aumentou o seu poder material de uma forma sem precedentes ao obter recursos de combustíveis fósseis como o carvão, o petróleo e o gás. A utilização da energia eólica em moinhos e turbinas, a navegação e a utilização da energia hídrica em rodas de água e turbinas, após O desenvolvimento de métodos científicos e da tecnologia humana tornou-se possível. O acesso às leis físicas e aos princípios científicos das diferentes energias e à forma de as utilizar de diferentes maneiras facilitou a vida do homem e a sua forma de pensar centrou-se nas coisas materiais. A forte dependência das sociedades industriais das fontes de energia. Especialmente os combustíveis petrolíferos e a sua utilização e consumo excessivos drenam os enormes recursos que se formaram nas camadas subterrâneas da terra ao longo de muitos séculos. Considerando que as fontes de energia subterrâneas estão a ser consumidas a uma velocidade extraordinária e que, num futuro não muito distante, não restará nada delas, a geração atual tem o dever de se voltar para fontes de energia que tenham uma longa vida e potência e de utilizar os seus conhecimentos O sol é uma das duas importantes fontes de energia a que se deve recorrer, porque não requer tecnologias avançadas e dispendiosas e pode ser utilizado como uma fonte útil e fornecedora de energia na maior parte do mundo. Além disso, a sua utilização, ao contrário da energia nuclear, não deixa quaisquer perigos e efeitos adversos e, para os países que não dispõem de recursos energéticos subterrâneos, é a forma mais adequada de obter energia e crescimento e desenvolvimento económico. Tecnologia simples, não poluindo o ar e o ambiente. A vida e, sobretudo, o armazenamento de combustíveis fósseis para as gerações futuras, ou a sua conversão em materiais e artefactos valiosos através de técnicas petroquímicas, são uma das principais razões que revelam a necessidade da utilização da energia solar para o nosso país. A conversão da energia solar é benéfica. É desejável, mas as possibilidades económicas de diferentes planos devem ser medidas com precisão. Atualmente, é tecnologicamente possível utilizar a energia térmica do sol para aquecer as habitações. Do ponto de vista económico, devido ao aumento constante do preço dos combustíveis fósseis e de outras fontes de energia e aos esforços dos especialistas para reduzir o custo das matérias-primas e dos equipamentos necessários para recolher o calor e os raios solares, os investigadores e os cientistas foram incentivados a estudar e a otimizar os sistemas solares e a progredir O conhecimento da energia solar e da sua utilização para diversos fins remonta à pré-história, talvez à época da cerâmica, quando os sacerdotes dos templos eram polidos com a ajuda de grandes taças de ouro e os raios solares iluminavam as lareiras do altar. Os faraós do Egipto, durante o período de Amenófis III, devido ao sol que incidia sobre as estátuas falantes, o ar no seu interior aquecia e as estátuas emitiam um som, também instalaram um pássaro em cima do túmulo de Menen, filho de Amenófis, que era iluminado pelo sol. Os romanos escrevem na história que eram dominados por uma força invisível e acreditavam que estavam em guerra com os deuses. A questão é saber se Arquimedes sabia o suficiente sobre a ciência da ótica ou se utilizou um método simples para focar os raios solares num ponto. Parece que este cientista escreveu um livro chamado Espelhos de Fogo, mas, infelizmente, não existe uma cópia do mesmo para clarificar a questão. Talvez este livro tenha sido destruído no ataque que foi levado a cabo pelos romanos alguns anos mais tarde e que levou à conquista da Grécia, porque neste ataque os romanos mataram Arquimedes. formaram um sistema que é muitas vezes desconhecido e, por isso, muitos de nós ainda não sabemos que algumas nações antigas tinham certas opiniões sobre a Terra e o sistema solar que ainda hoje são completamente aceitáveis. Aristóteles é a primeira pessoa a explicar a rotação da Terra e dos outros planetas. Propôs a rotação em torno do Sol, mas os astrónomos não aceitaram a sua opinião e consideraram-na rejeitada, até que, dois mil anos mais tarde, uma pessoa chamada Copérnico a propôs novamente. Os gregos, e mesmo antes deles os elamitas, conheciam a forma e o tamanho da Terra e sabiam também a causa dos eclipses solares. Passado algum tempo, o astrónomo dinamarquês (Tikobrahe) monitorizou o movimento de Marte a partir do seu observatório numa ilha do Báltico. O resultado das suas observações mostrou que Marte e os outros planetas giram em órbitas elípticas à volta do Sol. Quando Newton enunciou a lei da gravitação geral e as leis do movimento, obteve-se uma descrição correcta do sistema solar. Esta questão ocupou as mentes de alguns grandes cientistas e matemáticos nos séculos seguintes. A vida humana numa casa deve-se à diferença entre as condições do ar no interior e no exterior. O ar no interior da casa deve ter condições especiais para criar uma sensação de paz nos seres humanos. A sensação de relaxamento nos seres humanos depende de parâmetros como a temperatura do ar, a humidade relativa e a limpeza do ar de quaisquer substâncias nocivas. A operação que é efectuada no ar dentro de casa para criar estas condições chama-se ar condicionado. Jarba demonstrou que a previsão de planos globais e eventualmente de planos de revisão devido às condições especiais da construção social, cultural e económica da sociedade com o que realmente acontece nas cidades. Cai, não bate. Não é possível conciliar a identidade arquitetónica e a ligação com os valiosos círculos do passado nas novas construções através de separações comuns sob a forma de ruas paralelas e uniformes com as regras e regulamentos dos planos globais. Os complexos residenciais são muito uniformes e carecem de espaços públicos e valores visuais. Atualmente, os projectistas são capazes de utilizar as teorias não são correctas. Isto deve-se ao facto de os profissionais terem desenhado mais utilizando teorias normativas e confiando na perceção pessoal. E têm sido fracos na utilização de teorias de prova, a que alguns chamam teorias explicativas, e na descrição e explicação claras dos fenómenos e do seu processo de formação. Consequentemente, sempre que os designers desenharam para pessoas com diferentes padrões de comportamento e visões de valores, obtiveram resultados errados na perceção do efeito do design na vida das pessoas. Tendo em conta que a investigação e os campos científicos estão constantemente a ser desafiados e alterados, são altamente preocupados e criticados em termos de fundamentos teóricos. Esta atenção e crítica tem existido, sobretudo na arquitetura e no urbanismo actuais. Uma das limitações básicas do movimento da arquitetura moderna é a não formulação dos seus fundamentos teóricos. Deve-se mencionar que muitos projectistas, especialmente arquitectos, estão satisfeitos com a situação atual, acreditam que o conhecimento necessário para um bom projeto não é mais do que o que é obtido pela descoberta e intuição. Acreditam que o conhecimento obtido a partir da compreensão geral da sociedade é suficiente para a conceção e acreditam que o objetivo da arquitetura é expressar a sua personalidade independente. Embora muitos bons projectos tenham sido criados desta forma, os custos de construção cada vez mais elevados e a variedade de utilizadores dos ambientes projectados tornaram ambíguo o projeto baseado na ordem pessoal. Se os designers falarem uma linguagem privada, serão incapazes de harmonizar outras disciplinas. Noutros domínios, os mestres especializados são respeitados porque conseguem explicar o seu trabalho não imediatamente, mas eventualmente. O arquiteto especialista atrai geralmente o respeito apelando aos seus milagres e ao génio artístico que reivindica. Nas últimas décadas, com o crescimento da escola pós-moderna, criou-se uma mudança na direção da atenção dos designers para a estética simbólica e, em certa medida, para os aspectos sociais do design. O resultado deste movimento, em vez de uma mudança intelectual fundamental, foi a apresentação de novos métodos estéticos. A base de conhecimento e os fundamentos teóricos de cada profissão necessitam de uma estrutura primária forte. Atualmente, a base da opinião arquitetónica assenta nos pontos de vista dos arquitectos ou das escolas de pensamento arquitetónico. Estes princípios enfatizam a arte do arquiteto e as crenças individuais dos arquitectos sobre a boa arquitetura. A justificação destas convicções e da visão do mundo dos arquitectos é menos clara. Os arquitectos profissionais têm guardado nas suas mentes muita informação sobre o universo. O conhecimento pessoal de um arquiteto não está disponível para os outros e não é possível testá-lo e aplicá-lo. Os fundamentos teóricos da prova aumentam a nossa compreensão dos ambientes naturais e construídos e do papel que desempenham na vida das pessoas. Como já foi dito, os fundamentos da teoria da prova, da investigação e da profissão de arquiteto estão em continuidade e em completa continuidade. Esta continuidade é obtida através do teste de hipóteses. Assim, cada plano urbano, plano paisagístico ou plano de construção é uma hipótese ou um conjunto de hipóteses que são testadas no âmbito das teorias da arquitetura. Este teste pode ser efectuado através de uma avaliação sistemática do edifício, perguntando ao projetista, ao financiador e aos utilizadores, após a sua utilização. A teoria da prova nas disciplinas de projeto, tal como noutras disciplinas aplicadas, inclui teorias de conteúdo e teorias processuais. A teoria do conteúdo trata da natureza dos fenómenos com que os arquitectos e outros designers lidam. O objeto da teoria do conteúdo é a qualidade do ambiente e a forma como funciona e as suas capacidades para satisfazer as necessidades físicas e mentais dos seres humanos. Por conseguinte, é necessário um modelo das necessidades humanas para definir as questões teóricas das disciplinas de design. A teoria processual trata da natureza do procedimento prático de conceção nos domínios da conceção ambiental. Os processos de conceção podem ser mais pormenorizados. Se estes processos não forem científicos, pelo menos podem ser desenvolvidos com maior rigor. O processo de conceção não pode ser completamente científico, mas pode ser descrito e explicado através de métodos científicos e pseudo-científicos. Por isso, em geral, a teoria processual é o conhecimento do processo de análise, inovação e avaliação. E a teoria do conteúdo está relacionada com o conhecimento do ambiente, a utilização que as pessoas fazem dele, a forma como as pessoas comunicam no ambiente e a atitude das pessoas em relação ao ambiente. O objetivo do desenvolvimento de uma teoria do conteúdo é reduzir a incerteza das decisões de conceção. Durante muito tempo, foi proibido abordar o processo de conceção e temeu-se que isso perturbasse a compreensão do processo de conceção, o pensamento criativo e o papel criativo dos designers. Muitos designers acreditam que o processo de conceção é mais complexo do que pode ser explicado. Esta posição não é aceitável porque, ao aceitá-la, deixa sem resposta as questões sérias do campo da arquitetura, impedindo assim o seu progresso. O processo de conceção é influenciado pelo contexto em que ocorre e a atitude do projetista em relação a este processo é grandemente influenciada pela teoria do conteúdo do projetista. O conhecimento obtido a partir da avaliação dos resultados práticos da conceção reforça ou altera a teoria do conteúdo. As principais fases do processo de conceção do ambiente, por se tratar de um processo de tomada de decisão, podem ser consideradas um modelo geral de tomada de decisão. O reconhecimento, a conceção, a seleção e a implementação e a avaliação após a exploração e a implementação são as principais fases do processo de conceção do ambiente, que estão intimamente relacionadas com o conhecimento do conteúdo do designer. A fase de auto-consciência inclui as fases de reconhecimento inicial e de definição de objectivos e planeamento. As pessoas mais activas na profissão de designer preferem chamar a estas fases planeamento, conceção, avaliação e tomada de decisões, implementação e avaliação pós-exploração. O processo de conceção do ambiente é geralmente um processo linear, mas cada etapa não começa necessariamente após a conclusão da etapa anterior. Não existe um método técnico que permita a conclusão racional e objetiva de uma etapa do processo, o processo inclui um número significativo de etapas em falta. Sempre que é necessária mais informação para uma conceção ou a conceção não consegue satisfazer um conjunto de necessidades, existem ligações em falta e falta de informação no processo. O processo de conceção é argumentativo e inclui a previsão e a avaliação das previsões. As boas previsões dependem de boas teorias sobre o fenómeno em questão. Uma casa é um local onde os seus residentes não se sentem desconfortáveis, e o interior da casa ou o local onde vivem uma mulher e uma criança deve ter muita variedade, para que não se sintam cansados. Uma casa é uma cobertura que, de acordo com algumas condições, estabelece uma relação correcta entre o ambiente externo e os fenómenos biológicos humanos. Na casa, uma pessoa ou uma família deve viver, ou seja, andar, dormir, deitar-se, ver, pensar. A casa é o centro do mundo para os seus habitantes e para a sua vizinhança, os portos mais significativos da consolidação do lugar. A casa é antes de mais uma instituição e não uma estrutura, e esta instituição foi criada com objectivos complexos. Uma vez que a construção de uma casa é um fenómeno cultural, a sua forma e organização espacial são fortemente influenciadas pela cultura a que pertence. Mesmo na altura em que a casa era considerada como um abrigo para os primeiros seres humanos, a função do espaço não se limitava apenas ao espaço funcional. O aspeto do abrigo era mencionado como um dever implícito necessário e passivo, e o aspeto positivo do conceito de casa era a criação de um ambiente para a família viver como uma unidade social. Entre os espaços circundantes, a casa é o espaço mais imediato relacionado com uma pessoa, que é influenciado por ela no dia a dia. É o primeiro espaço em que uma pessoa experimenta o sentimento de pertença a um espaço, e o conjunto dos cinco sentidos rodeia-o constantemente e habitua-se a ele num curto espaço de tempo. A sua casa é o local onde se realizam as primeiras experiências directas com o espaço, isoladamente ou em grupo, e a solidão. Torna-se possível consigo próprio, com a sua mulher, filhos e outros. Os benefícios da redução do custo de construção vão diretamente para o empregador e revelam-se indiretamente na poupança de recursos. Reduzir o custo da construção não deve levar ao facto de que várias vezes o montante poupado é gasto novamente na manutenção do complexo, mas deve ser sempre feito com algum tipo de previsão. Em qualquer organização formal ou social, quer seja à escala de uma fábrica ou à escala de uma casa unifamiliar, é muito importante reconhecer os sistemas de atividade e as bases comportamentais que os fornecem. Uma das principais razões para a criação e desenvolvimento das cidades é proporcionar actividades humanas actuais e potenciais. A resposta a necessidades como o sentimento de pertença e a autoestima e a resposta a necessidades cognitivas estão entre as questões da atenção de Maslow, que se manifestam no ambiente comportamental. Os novos ambientes são mais limpos e mais higiénicos do que antes, mas são menos ricos em termos de comportamento. Para enriquecer as actividades, é necessário conhecer o nível de desejo das pessoas por determinados comportamentos e utilizar esta informação para criar diferentes diálogos do ambiente que proporcionem diferentes comportamentos. Observações no terreno utilizando métodos intervencionistas e não intervencionistas que são explicados na cognição. É muito importante no diagnóstico dos campos comportamentais. Os responsáveis políticos e planeadores têm negligenciado as necessidades dos adolescentes. Na ausência da possibilidade legal de autoanálise e aventura, a maioria dos adolescentes volta-se para o comportamento antissocial. Na maior parte do mundo, os adolescentes consideram os seus lugares especiais aborrecidos. Existe também um vasto leque de pessoas idosas que têm as suas próprias necessidades especiais. Dependendo do estrato social, da cultura e do país de origem, as pessoas apresentam comportamentos que vão do pessoal ao social, cada um dos quais requer os seus próprios espaços. A interação social e o apego das pessoas à construção de ambientes sociais têm uma relação estreita. O estudo de Leon Festinger e dos seus colegas no complexo residencial Westgate, realizado no Instituto de Tecnologia de Massachusetts, mostra claramente o efeito da conceção ambiental nas interacções sociais das pessoas. No estudo de Westgate, a distância funcional entre as unidades residenciais era curta e as portas das unidades residenciais estavam próximas umas das outras, e os encontros directos eram frequentemente bem-vindos. Nos edifícios de dois andares, as caixas de correio dos moradores do andar superior estavam localizadas num local comum no andar inferior, junto à porta de entrada. Os residentes do piso superior tinham mais contacto social do que os residentes do piso inferior, que tinham quartos com entradas e caixas de correio separadas. A interação social também pode ser um problema no espaço de uma unidade residencial. A disposição dos dispositivos, bem como as relações espaciais internas, podem aumentar a interação entre os membros da família. A disposição do mobiliário da divisão pode aumentar a interação social e a distância entre as pessoas define a intimidade e a proximidade entre elas. Naturalmente, a disposição do mobiliário também pode ser afetada pela colocação de janelas ou portas e armários. A importância do problema da limitação dos recursos energéticos disponíveis é mais ou menos comum a todos os países do mundo, sejam eles industriais e desenvolvidos ou em vias de desenvolvimento. Enquanto os países desenvolvidos e industrializados têm uma forte dependência da energia fóssil para a circulação das rodas industriais das suas indústrias e também para suprir outras necessidades, os países em vias de desenvolvimento também precisam de mais energia para desenvolver as suas indústrias e abastecer o consumo das suas comunidades. Uma grande parte da perda de energia de aquecimento e arrefecimento do edifício ocorre através dos componentes da cobertura, ou seja, telhado, paredes, vidro e chão. Por conseguinte, entre as medidas que são utilizadas nos componentes não transparentes do edifício, bem como nas janelas com vidros duplos, a utilização do isolamento térmico nos componentes não transparentes do edifício é considerada a mais eficaz e importante, para além da redução a longo prazo dos custos de aquecimento e arrefecimento do espaço do edifício, do maior conforto que proporciona às pessoas e da poupança da capacidade dos sistemas de aquecimento e arrefecimento. O montante das poupanças é tal que o investimento no isolamento térmico do edifício será devolvido num curto período de tempo. Olhando para a experiência global nas últimas duas décadas, a fim de desenvolver normas que tornem necessária a poupança de energia no edifício, incluindo o isolamento térmico do edifício, nós Será um guia na direção que devemos tomar. Alguns países europeus iniciaram medidas para incentivar o isolamento térmico dos edifícios desde os anos sessenta. Até meados dos anos setenta, a maior parte dos países europeus e americanos desenvolveram regulamentos ou normas específicas relativas à poupança de energia nos edifícios, cada uma das quais tornava necessário isolar os componentes da envolvente do edifício. As normas são geralmente de dois tipos: o primeiro tipo contém instruções com pormenores específicos sobre elementos específicos do edifício, como por exemplo: uma norma que determina o isolamento térmico da parede de um tipo específico e uma certa quantidade relativa ao desempenho térmico dos componentes do invólucro do edifício. Estas normas são designadas por normas prescritivas. O segundo tipo está mais centrado na eficiência de um aspeto do edifício. Este tipo pode especificar que o consumo de energia para aquecimento do edifício não deve exceder um determinado valor em determinadas condições. Estas normas são designadas por normas funcionais. A maior parte dos países possui o tipo de normas prescritivas que abordam casos específicos de desempenho térmico do edifício relativamente a vários casos de desempenho térmico do edifício. A compilação de normas de isolamento para paredes, tectos e pavimentos de edifícios é um dos primeiros passos dados para regular e poupar o consumo de energia nos edifícios. A maioria das normas foi desenvolvida com base na otimização económica da quantidade de isolamento nos componentes do edifício. Nos cálculos económicos, o método dos custos periódicos tem sido utilizado como base. A diferença de temperatura e clima foi tida em conta na determinação da quantidade de isolamento térmico na maioria dos países sob a forma de zonamento climático baseado em graus-dia de aquecimento. O zonamento climático e o âmbito de cada região são diferentes nos vários países. Outros países também adoptaram um zoneamento especial semelhante aos casos mencionados. Normalmente, o zonamento climático é ad hoc e depende de parâmetros como: condições climáticas, altitude, humidade, a dispersão dos edifícios no país e também a conveniência da uniformidade das normas no país. Para cada uma destas zonas climáticas, foram formuladas normas para o valor ótimo de K ou G ou simplesmente mencionando uma certa espessura de isolamento térmico em componentes de edifícios. Nos países que utilizam normas funcionais ou "componentes funcionais", a forma, as dimensões e a textura do complexo de edifícios foram efectivas na norma e foram definidas de diferentes maneiras. Em França, todos os edifícios estão divididos em sete categorias e, de acordo com a forma, a quantidade de superfícies nuas exteriores (ou seja, as superfícies de amortecimento entre o ambiente exterior e o espaço interior do edifício) e a superfície da infraestrutura útil do espaço do edifício. Noutros países, tem sido utilizado para classificar os edifícios um fator de forma, obtido a partir do rácio entre a área das superfícies nuas exteriores dos componentes da estrutura do edifício e o volume do espaço útil ou das superfícies úteis da subestrutura. Nalguns países que baseiam normas "funcionais", não há classificação entre edifícios com diferentes formas e dimensões. Por exemplo, todos os edifícios residenciais têm um orçamento energético específico por unidade de infraestrutura. Foi feita uma breve descrição do funcionamento de cada um dos sistemas acima referidos e foram determinados o custo de construção e produção e o preço da energia produzida por cada um deles. Uma comparação do preço da energia produzida nos dispositivos de energia solar acima mencionados com o preço da energia produzida através de combustíveis fósseis comuns no país mostra que a utilização da energia solar não é económica. A principal razão para a utilização não económica da energia solar é que o petróleo e a eletricidade estão disponíveis para os consumidores quase gratuitamente em todas as partes do país. O facto de ser económica não deve ser a única razão para utilizar a energia solar. É necessário prestar atenção à energia solar pela seguinte razão e fazer os investimentos necessários para a sua ampla aplicação. A utilização dos recursos petrolíferos no país provocou a poluição do ar, da água e do solo. A existência destas poluições, especialmente a poluição atmosférica em grandes cidades como Teerão, tem causado muitas doenças, mortes prematuras e a diminuição geral da eficiência das pessoas. É necessário controlar e reduzir com precisão o consumo destes combustíveis fósseis, a fim de proteger a saúde das pessoas. A energia solar é uma fonte de energia lisal que causa menos poluição no ambiente. A queima de combustíveis fósseis e a criação de dióxido de carbono a nível global provocaram o aumento da temperatura da atmosfera terrestre. A subida da temperatura da atmosfera terrestre e da água do mar (que não é uniforme e é mais elevada nos pólos do que no equador) provocou a fusão dos gelos polares e a subida do nível da água dos oceanos, e a continuação deste ato é uma catástrofe muito mais deplorável do que todas as tempestades, inundações e a terra. Ela conterá terramotos. Em comparação com os países industrializados, cujo consumo de combustíveis fósseis é muito elevado, o Irão não desempenha um papel importante no aumento do dióxido de carbono a nível global e no aquecimento da atmosfera terrestre. Mas prestar atenção a esta questão (sobre a qual os países industrializados do mundo acabaram de pensar e estão a manifestar preocupação) pode criar uma excelente imagem para a República Islâmica do Irão nos círculos científicos e políticos do mundo. A tecnologia de aplicação da energia solar não é muito complicada. Precisamos de recorrer a peritos estrangeiros. Em muitas aplicações, a tecnologia necessária já está disponível no país. Nalgumas aplicações (como o fabrico de fotocélulas), a tecnologia relevante pode ser desenvolvida com um pequeno esforço. Uma grande parte do consumo de energia do país está relacionada com o sector da construção. Com base nisto, a explicação de estratégias de produtividade no sector da construção sob a forma de redução do consumo de energia dos edifícios através da utilização de um design arquitetónico adequado e do conhecimento da forma ideal é altamente enfatizada. A necessidade psicológica do ser humano de iluminação natural e de ligação direta com a natureza provou a importância de prestar mais atenção à luz natural na arquitetura. A saúde da visão depende da presença de luz adequada. Além disso, vamos explicar brevemente o mecanismo do aquecedor solar de água e, em seguida, vamos verificar como funciona o aquecedor solar de água através da realização de algumas experiências simples. O sol não é apenas uma enorme fonte de energia, mas também o início da vida e a fonte de todas as outras energias. Conhecer a energia do sol e utilizá-la para diferentes fins remonta aos nossos tempos pré-históricos. Talvez durante a era da cerâmica, nessa altura, os sacerdotes dos templos acendiam os fogos dos altares com a ajuda de grandes taças de ouro polido e dos raios de sol. Em todos os tipos de centrais eléctricas, incluindo a gás, água e vapor, para produzir eletricidade a partir de geradores de eletricidade. Estes são utilizados e a eletricidade é produzida através da sua rotação. Estes geradores são rodados por uma turbina e, de facto, convertem a energia cinética em energia eléctrica. A turbina de uma central hidroelétrica é posta a rodar pela pressão da água e a turbina de uma central a gás é posta a rodar pela pressão dos gases resultantes da combustão. Produção de água quente O consumo dos edifícios é um dos métodos mais económicos de utilização da energia solar. É possível utilizar a energia térmica do sol para produzir água quente para casas e locais públicos. A exploração da energia solar e das centrais eléctricas solares é comum e está em curso em muitos países do mundo, especialmente em zonas com muita luz solar. Esta energia, que pode ser utilizada para aquecimento e produção de eletricidade, encontra-se em fase experimental em diferentes países do mundo. Tendo em conta a amplitude do acesso a esta energia, parece que, no futuro, a energia solar pode tornar-se um dos recursos baratos à disposição da humanidade. A utilização da energia solar é bastante diversificada e inclui o tipo térmico direto (sistemas operacionais e não operacionais), a eletricidade é produzida através de ciclos termodinâmicos e a conversão direta em eletricidade com a ajuda de sistemas fotovoltaicos PV. O armazenamento de energia solar em sistemas térmicos é relativamente barato, pelo que a fonte de energia é separada do momento da utilização da energia pelo consumidor. Nos últimos 25 anos, foi realizado um grande número de trabalhos de investigação neste domínio, tendo sido obtida uma quantidade significativa de informações sobre a tecnologia e as aplicações da energia solar, e foram feitos progressos surpreendentes no domínio da justificação económica e da acessibilidade desta energia. Atualmente, algumas destas aplicações estão totalmente comercializadas, mas são necessárias mais reduções de custos, possíveis através da produção em massa e do desenvolvimento técnico, para que as aplicações se generalizem. O Sol é um enorme reator nuclear natural, no qual os materiais são convertidos em energia nuclear devido à fusão nuclear, e 3,4 milhões de toneladas da sua massa são convertidas em energia a cada segundo. A temperatura no centro do Sol é de cerca de 11 a 15 milhões de graus Celsius e, a partir da sua superfície, são emitidos cerca de 5700 graus de calor sob a forma de ondas electromagnéticas no espaço, a quantidade de energia que nos é fornecida sob a forma de luz visível, infravermelha e ultravioleta. Atinge um quilowatt por metro quadrado. A energia solar é uma combinação da potência do sol e do número de horas que pode ser recebida no local desejado. A dimensão deste parâmetro é variável e depende da localização do local e da hora pretendida (em que mês do ano). Este parâmetro composto, que inclui as horas de luz solar e a sua intensidade, é designado por insolação ou intensidade da luz solar e é expresso em watts por metro quadrado (W/m2). Uma unidade mais comum e prática é também utilizada como "quilowatt-hora por metro quadrado por dia" (kWh/dia/m2). Como já dissemos, nas profundezas do Sol e na parte central desta esfera ardente, ocorrem enormes reacções nucleares, que provocam a emissão de radiações intensas. Estas radiações, por sua vez, criam fotões, ou seja, portadores de energia luminosa. Os fotões não têm massa física, mas transportam quantidades significativas de energia e, naturalmente, têm um elevado momento. Diferentes fotões transportam energia luminosa com diferentes comprimentos de onda. Alguns deles transportam luz invisível (infravermelhos e ultravioleta) e outro grupo transmite luz visível (branca). Os fotões viajam gradualmente do centro do Sol para a sua superfície exterior. Por vezes, esta transferência pode demorar até um milhão de anos! Depois de atingirem a superfície exterior do Sol, as referidas partículas espalham-se no espaço a uma velocidade de cerca de mil milhões de quilómetros por hora. Com tudo isto, cada fotão que se dispersa no espaço a partir da superfície do Sol chega à superfície do nosso planeta, ou seja, à Terra, cerca de oito minutos depois. As partículas existentes colidem no espaço, desviam-se da sua trajetória e geram calor ao colidir com qualquer coisa que absorva a radiação solar. A razão pela qual ficamos quentes num dia de sol é porque o nosso corpo absorve os fotões emitidos pelo sol. A atmosfera absorve muitos destes fotões antes de chegarem à superfície. Esta é uma das duas razões pelas quais o sol parece mais quente a meio do dia. Durante estas horas, o Sol está quase acima da cabeça e os fotões percorrem um caminho mais curto para chegar à superfície da Terra, ou seja, uma camada mais fina e precisa da atmosfera que rodeia a Terra, ao passo que, por volta do pôr do sol e no final do dia, como o Sol se está a pôr e os seus raios incidem obliquamente sobre a Terra, os fotões percorrem um caminho mais longo, mais denso e mais denso. Este argumento sobre o frio relativo de um dia ensolarado de inverno em comparação com um dia ensolarado de verão também é verdadeiro. Neste caso, e devido ao facto de, no inverno, devido ao desvio do eixo de rotação da Terra em relação à posição vertical, esta se afastar do Sol, os fotões são obrigados a percorrer um caminho mais longo e, consequentemente, mais denso. Outra razão na justificação O facto de o Sol ser mais quente nas horas intermédias do dia do que nas horas finais pode ser sugerido que a intensidade e densidade dos fotões é muito maior a meio do dia. Quando o Sol está a uma altitude mais baixa, devido ao ângulo da sua posição na Terra em relação ao Sol, os fotões são dispersos a distâncias maiores. A eletricidade solar é produzida pela luz do sol que incide sobre as células solares incorporadas nos painéis solares. Este fenómeno é completamente diferente dos sistemas de água quente ou de aquecimento solar, nos quais a energia do sol é utilizada para aumentar a temperatura da água ou do ar. Se o seu objetivo é utilizar a energia solar para aquecimento, tenha em conta que a eficiência dos sistemas de aquecimento solar é muito melhor do que a dos exemplos de geradores de eletricidade solar e que, para fornecer uma determinada quantidade de energia, são necessários painéis ou, por outras palavras, colectores mais pequenos. Sempre que se fala de eletricidade solar, também se fala de células fotovoltaicas (ou PV) que produzem eletricidade sob a forma de painéis solares. Neste artigo, sempre que se fala de painéis solares, fala-se de um conjunto ou de sistemas capazes de produzir eletricidade a partir da energia do sol, através de células fotovoltaicas, e nada tem a ver com sistemas de aquecimento solar. Um painel solar para produção de eletricidade utiliza um fenómeno chamado efeito fotovoltaico. Este fenómeno foi descoberto no início do século XIX por cientistas que, através de pesquisas contínuas e variadas, perceberam que existem certos materiais que, quando expostos à luz, fazem fluir uma corrente eléctrica no seu circuito. Para criar este fenómeno, duas camadas de materiais semicondutores especiais devem ser combinadas entre si. Quando uma destas camadas tem de enfrentar uma falta de electrões. Estas camadas absorvem fotões quando expostas à luz solar. Com esta ação, os electrões são estimulados e alguns deles saltam de uma camada para a outra e, com este trabalho, criam uma corrente eléctrica. O material semicondutor utilizado na construção das células solares é o silício e são cortados e preparados flocos muito finos. Para criar um estado de desequilíbrio eletrónico nestas camadas, é adicionada uma impureza química a algumas delas. Quando um fotão atinge uma célula solar: ou é absorvido por ela, ou é desviado e irradiado de novo ao atingir a célula, ou passa diretamente através dela e continua o seu caminho. Quando o fotão é absorvido pelo silício da célula, obtém-se uma corrente eléctrica a partir de dois terminais ou fios da fotocélula. Quanto maior for a intensidade da luz e, portanto, o número de fotões, mais fotões são absorvidos pela célula solar e mais forte é a corrente eléctrica produzida. Estes dispositivos continuam a produzir eletricidade mesmo em dias nublados e mesmo algumas amostras não deixam de produzir eletricidade à luz das noites de luar. Por outras palavras, pode concluir-se que estas células, ao receberem luz indireta, produzem eletricidade. Cada célula solar individual só é capaz de produzir uma pequena quantidade de energia eléctrica. Neste caso, e para obter uma energia eléctrica significativa, é necessário que várias destas células estejam ligadas entre si e se sigam umas às outras. A partir da acumulação de várias destas células, uma após a outra, é criado um módulo com um painel solar, que é por vezes referido como módulo fotovoltaico. O processo de produção de eletricidade nos painéis solares não é acompanhado por qualquer combustível ou combustão de materiais fósseis. O sol continua a ser considerado uma bênção gratuita e, finalmente, o custo de manutenção é muito reduzido. É claro que não se pode afirmar que a construção de painéis solares é completamente e 100% livre de poluição ambiental. Anteriormente, a quantidade desta contaminação era muito mais elevada, e a maior parte encontrava-se no processo de adição de impurezas químicas ao cristal fundido do material semicondutor (silício) durante o fabrico de pequenas partes dos painéis. Felizmente, com o avanço da tecnologia e as reformas implementadas neste domínio, tem-se verificado que a quantidade destas poluições diminuiu de uma forma sem precedentes. Ao instalar um sistema de energia solar e tendo em conta a eletricidade produzida num período de 2 a 5 anos, os efeitos adversos desta pequena poluição serão compensados. obras, a poluição ambiental resultante é muito pequena e insignificante. O facto é que algumas pessoas que equiparam as suas casas com sistemas de energia solar ligados à rede, basicamente para a poluição ambiental causada pelo consumo de eletricidade. Não se preocupam com a rede nesses locais. Nas zonas de Sardsir, a maior parte das horas de consumo de eletricidade são limitadas à noite. Neste caso, se a sua casa estiver equipada com um sistema deste tipo, venderá a maior parte da eletricidade produzida a empresas locais durante o dia e, após o pôr do sol e durante as horas do início da noite, volta a comprá-la às empresas mencionadas, não podendo afirmar que você e a sua casa não têm qualquer papel na poluição do ambiente. Vende-se a empresas locais e compra-se eletricidade à noite, quando toda a região arrefece e a procura de eletricidade aumenta, e incentiva-se estas instituições a utilizarem as suas centrais eléctricas na sua capacidade máxima. Nas regiões tropicais, a situação mudou e a energia do sol aparece de uma forma diferente. Nestas zonas, a maior procura de consumo de eletricidade ocorre durante o dia para arrefecer os edifícios e ligar os aparelhos de ar condicionado. Desta forma, as horas de ponta ou horas de pico de consumo com as horas de produção máxima de eletricidade a partir de sistemas de energia solar ligados à rede são adaptadas e mostram o seu efeito significativo e 100% útil. Obviamente, isso não significa que, se você mora em uma área fria, a instalação de um sistema de energia solar conectado à rede é inútil, mas significa que em Nesses casos, a maneira e o tempo do consumo de eletricidade devem ser examinados com um olhar mais aguçado. Um dos factores importantes para a eficiência do sistema solar é a intensidade da radiação solar recebida pelos painéis. Numa parte do corpo ou caixa dos painéis solares, é mencionado um número que representa a potência que se espera que esse painel seja capaz de produzir (em watts), claro que, desde que a radiação solar por metro quadrado do local pretendido seja de 1100 Watts deve ser considerada. Conhecendo a intensidade da radiação solar no local pretendido e tendo em conta a sua média diária, ou seja, "o número de quilowatts-hora por metro quadrado por dia", e multiplicando este número pela potência dos painéis solares (em termos de Watt), é possível determinar os limites de energia diária recebida pelos painéis. Um dos factores eficazes no cálculo da energia dos painéis solares é a intensidade da radiação solar. A intensidade da radiação solar varia de um lugar para outro e a sua quantidade muda em diferentes dias do ano. Se quiser ter uma estimativa aproximada razoável, deve considerar uma intensidade de radiação especial para cada local específico e cada hora específica. Com os meios disponibilizados pela Administração Nacional da Aeronáutica e do Espaço (NASA) dos EUA, a determinação da intensidade da luz solar em diferentes áreas é muito simplificada. Os satélites meteorológicos da NASA extraíram a intensidade da luz solar em todas as partes do globo e forneceram-na aos utilizadores. Por exemplo, consultando o sítio de apoio, é possível obter as informações introduzidas para a cidade e o país pretendidos. . Nas tabelas mencionadas, a intensidade da radiação é apresentada separadamente e para diferentes meses do ano. A inclinação ou desvio do painel solar em relação à direção vertical é eficaz na quantidade de energia absorvida e, consequentemente, na eficiência do sistema solar. Com um simples teste prático, pode verificar-se que a quantidade de energia recebida por painéis pendurados verticalmente numa parede, bem como por painéis instalados direta e plana e horizontalmente no solo, é muito inferior à quantidade de energia absorvida por amostras cuja superfície está apontada para o sol e, de facto, os painéis estão instalados em ângulo e inclinados. Outro fator eficaz na eficiência do sistema solar é a inclinação dos painéis. Ao inclinar os painéis na direção do sol, mais energia será absorvida e, consequentemente, produziremos mais eletricidade. Em muitos casos, a dimensão deste ângulo depende da inclinação do telhado do edifício pretendido, embora nos últimos anos, com a investigação e a apresentação de várias tabelas, para cada local específico, se consigam obter ângulos óptimos, que estão associados ao máximo de energia recebida e estar comigo As maiores alterações ocorrem a meio do inverno e a meio do verão.

Referências

S.J. Brown, Future changes in heatwave severity, duration and frequency due to climate change for the most populous cities, Weather Clim Extrem. 30 (2020), 100278, https://doi.org/10.1016/j.wace.2020.100278.

K. Sun, W. Zhang, Z. Zeng, R. Levinson, M. Wei, T. Hong, Projectos de arrefecimento passivo para melhorar a resistência ao calor de casas em comunidades carenciadas e vulneráveis, Energy Build. 252 (2021) 111383.

Nasa Earth Observatory, Heatwaves and Fires Scorch Europe, Africa, and Asia, (2022). earthobservatory.nasa.gov.

O globo está preparado? 2022 phys.org/news/2022-08-extreme-climate-globe.html.

A. Velashjerdi Farahani, J. Jokisalo, N. Korhonen, K. Jylh¨ a, K. Ruosteenoja, R. Kosonen, Overheating risk and energy demand of nordic old and new apartment buildings during average and extreme weather conditions under a changing climate, Applied Sciences (switzerland). 11 (9) (2021) 3972.

A.M.R. Nishimwe, S. Reiter, Estimativa, análise e mapeamento do consumo de eletricidade de um parque imobiliário regional num clima temperado na Europa, Energy Build. 253 (2021) 111535.

K.J. Chua, S.K. Chou, W.M. Yang, J. Yan, Conseguir um ar condicionado mais eficiente em termos energéticos - Uma revisão das tecnologias e estratégias, Appl Energy. 104 (2013) 87-104, https://doi.org/10.1016/j.apenergy.2012.10.037.

D. Yan, X. Zhou, J. An, X. Kang, F. Bu, Y. Chen, Y. Pan, Y. Gao, Q. Zhang, H. Zhou, K. Qiu, J. Liu, Y. Liu, H. Li, L. Zhang, H. Dong, L. Sun, S. Pan, X. Zhou, Z. Tian, W. Zhang, R. Wu, H. Sun, Y. Huang, X. Su, Y. Zhang, R. Shen, D. Chen, G.

Wei, Y. Chen, J. Peng, DeST 3.0: Uma plataforma de simulação de desempenho de construção de nova geração, Build Simul. 15 (2022) 1849-1868, https://doi.org/10.1007/s12273- 022-0909-9.

Eurostat, Consumo de energia nos agregados familiares, (2022). ec.europa.eu/eurostat/ statistics-explained. Comité das Alterações Climáticas, The sixth carbon budget: the UK's path to net zero, (2020).

J. Zhang, T. Zhu, Revisão sistemática das tecnologias de colectores de ar solar: Avaliação do desempenho, conceção da estrutura e análise da aplicação, Sustainable Energy Technologies and Assessments. 54 (2022), 102885, https://doi.org/10.1016/j. seta.2022.102885.

A. Zairi, A. Mejedoub Mokhtari, S. Menhoudj, Y. Hammou, K. Dehina, M.- H. Benzaama, Estudo do desempenho energético de um sistema combinado: Coletor solar térmico - Depósito de armazenamento - Aquecimento de piso, para as necessidades de aquecimento de uma divisão no clima do Magrebe, Energy Build. 252 (2021) 111395.

SolarWall, SolarWall Systems, (2022). www.solarwall.com.

L. Xu, C. Luo, J. Cai, J. Ji, L. Dai, B. Yu, S. Huang, Modelagem e análise de um sistema de parede de armazenamento térmico solar de canal duplo com material de mudança de fase em área de verão quente e inverno frio, Build Simul. 15 (2022) 179-196, https://doi.org/ 10.1007/s12273-021-0805-8.

M. Hoffman, K. Rodan, M. Feldman, D.S. Saposnik, Solar heating using common building elements as passive systems, Solar Energy. 30 (3) (1983) 275-287.

N.I. Dawood, J.M. Jalil, M.K. Ahmed, Investigação de um novo coletor de ar solar de janela com 7 placas absorventes móveis, Energy. 257 (2022), 124829, https:// doi.org/10.1016/j.energy.2022.124829.

W. Li, A. Subiantoro, I. McClew, R.N. Sharma, CFD simulation of wind and thermal-induced ventilation flow of a roof cavity, Build Simul. 15 (2022) 1611-1627, https://doi.org/10.1007/s12273-021-0880-x.

S. Jafari, V. Kalantar, Simulação numérica de ventilação natural com arrefecimento passivo por chaminés solares diagonais e sistema de aspersão de água e vento num clima quente e seco, Energy Build. 256 (2022) 111714.

S. Rasheed, M. Ali, H. Ali, N.A. Sheikh, Avaliação experimental do arrefecedor evaporativo indireto com transferência melhorada de calor e massa, Appl Therm Eng. 217 (2022), 119152, https://doi.org/10.1016/j.applthermaleng.2022.119152.

Q. Liu, C. Guo, Z. Wu, Y. You, Y. Li, Otimização do modelo de transferência de calor e massa e análise anual da eficiência energética para arrefecimento evaporativo indireto com recuperação de energia, Build Simul. 15 (2022) 1353-1365, https://doi.org/10.1007/s12273-021-0868-6.

M. Hu, B. Zhao, Suhendri, X. Ao, J. Cao, Q. Wang, S. Riffat, Y. Su, G. Pei, Applications of radiative sky cooling in solar energy systems: Progresso, desafios e perspectivas, Revisões de Energia Renovável e Sustentável. 160 (2022) 112304.

S. Fan, W. Li, Photonics and thermodynamics concepts in radiative cooling, Photonics and Thermodynamics Concepts in Radiative Cooling 16 (3) (2022) 182-190.

R. Miao, X. Hu, Y. Yu, Y. Zhang, M. Wood, G. Olson, Estudo experimental de um coletor solar térmico de dupla finalidade recentemente desenvolvido para recolha de calor e frio, Energy Build. 252 (2021) 111370.

S.N. Bathgate, S.G. Bosi, Um material robusto de cobertura de convecção para aplicações de arrefecimento radiativo seletivo, Solar Energy Materials and Solar Cells. 95 (2011) 2778-2785, https://doi.org/10.1016/j.solmat.2011.05.027.

M. Hu, Suhendri, B. Zhao, X. Ao, J. Cao, Q. Wang, S. Riffat, Y. Su, G. Pei, Pei, Effect of the spectrally selective features of the cover and emitter combination on radiative cooling performance, Energy and Built Environment. 2 (3) (2021) 251-259.

P. Strachan, K. Svehla, M. Kersken, I. Heusler, Caracterização fiável do desempenho energético de edifícios com base em medições dinâmicas à escala real, Anexo. 58 (2016) 5.

B. Zhao, X. Ao, N. Chen, Q. Xuan, M. Hu, G. Pei, Uma estrutura de superfície espectralmente selectiva para conversão fototérmica combinada e arrefecimento radiativo do céu, Frontiers in Energy. 14 (2020) 882-888, https://doi.org/10.1007/s11708-020- 0694-z.

M. Hu, B. Zhao, Suhendri, J. Cao, Q. Wang, S. Riffat, Y. Su, G. Pei, Extending the operation of a solar air collector to night-time by integrating radiative sky cooling: Um estudo experimental comparativo, Energy. 251 (2022) 123986.

D. Li, X. Liu, W. Li, Z. Lin, B. Zhu, Z. Li, J. Li, B.o. Li, S. Fan, J. Xie, J. Zhu, Película de polímero escalável e hierarquicamente concebida como um emissor térmico seletivo para arrefecimento radiativo de alto desempenho durante todo o dia, Película de polímero escalável e hierarquicamente concebida como um emissor térmico seletivo para arrefecimento radiativo de alto desempenho durante todo o dia 16 (2) (2021) 153-158.

ANSYS FLUENT 13, Guia teórico do Ansys Fluent, ANSYS Inc., EUA. 15317 (2013) 724-746. Ansys®, Ansys Fluent,, R1, Sistema de Ajuda, Guia do Utilizador do Fluent, ANSYS Inc, Modo de Solução, 2021, p. 2021.

M. Hu, B. Zhao, Suhendri, J. Cao, Q. Wang, S. Riffat, Y. Su, G. Pei, Caracterização quantitativa do efeito do ângulo de inclinação no desempenho de arrefecimento radiativo de placa plana em edifícios, Journal of Building, Engineering. 59 (2022) 105124.

R. Tang, Y. Etzion, I.A. Meir, Estimates of clear night sky emissivity in the Negev Highlands, Israel, Energy Convers Manag. 45 (2004) 1831-1843, https://doi.org/ 10.1016/j.enconman.2003.09.033.

L. Evangelisti, C. Guattari, F. Asdrubali, On the sky temperature models and their influence on buildings energy performance: Uma revisão crítica, Energy Build. 183 (2019) 607-625, https://doi.org/10.1016/j.enbuild.2018.11.037.

J. Watmuff, W. Charters, D. Proctor, Solar and wind induced external coefficients - Solar collectors, Cooperation Mediterraneenne Pour L'energie Solaire. 1 (1977) 56.

P. Strachan, K. Svehla, I. Heusler, M. Kersken, Validação empírica de todo o modelo num edifício à escala real, J Build Perform Simul. 9 (2016) 331-350, https://doi.org/ 10.1080/19401493.2015.1064480.

M. Kottek, J. Grieser, C. Beck, B. Rudolf, F. Rubel, Mapa mundial da classificação climática Koppen-Geiger ¨ atualizado, Meteorologische Zeitschrift. 15 (3) (2006) 259-263.

ASHRAE, Norma ANSI/ASHRAE 55-2020 Condições Térmicas Ambientais para Ocupação Humana, (2020).

L.K. Lawrie, D.B. Crawley, Development of Global Typical Meteorological Years (TMYx), (2022). http://climate.onebuilding.org.

R. Liggett, M. Milne, Climate Consultant 6 (2021).

ASHRAE, Norma ANSI/ASHRAE/IES 90.2 2018 Conceção energeticamente eficiente de edifícios residenciais de baixa altura, (2018).

B.L.S. LLC, Documentos EnergyPlus Versão 8.6, (2022). bigladdersoftware.com.

H. Bahaidarah, A. Subhan, P. Gandhidasan, S. Rehman, Avaliação do desempenho de um módulo PV (fotovoltaico) por arrefecimento de água de superfície traseira para condições climáticas quentes, Energy. 59 (2013) 445-453, https://doi.org/10.1016/j. energy.2013.07.050.

Afroz, Z., et al., 2018. Técnicas de modelação utilizadas em sistemas de controlo HVAC de edifícios: Uma revisão. Renew. Sustain. Energy Rev. 83, 64-84.

Agyenim, F., Knight, I., Rhodes, M., 2010. Conceção e teste experimental do desempenho de um sistema de arrefecimento por absorção térmica solar LiBr/H2O exterior com uma câmara frigorífica. Sol. Energy 84 (5), 735-744.

Ahmed, D.A.A.E.-A., 2011. Produção de biocombustíveis no Egipto, das promessas às práticas. Aisyah, N., et al., 2019. Previsão do desempenho do chiller de absorção solar com base na seleção da análise de componentes principais. Case Stud. Therm. Eng. 13, 100391.

Alajmi, A., Zedan, M., 2020. Análise energética, de custos e ambiental de sistemas de arrefecimento individuais e distritais para uma nova cidade residencial. Sustainable Cities Soc. 54, 101976.

Alipour, H., et al., 2017. Influência da nervura T-semi anexada no fluxo turbulento e nos parâmetros de transferência de calor de um nanofluido prata-água com diferentes frações de volume em um microcanal trapezoidal tridimensional. Physica E 88, 60-76.

Alshammari, N., Asumadu, J., 2020. Dimensionamento ótimo de unidades de um sistema híbrido de energias renováveis utilizando algoritmos de otimização por busca harmónica, Jaya e enxame de partículas. Sustainable Cities Soc. 60, 102255.

Andric, I., Al-Ghamdi, S.G., 2020. Implicações das alterações climáticas no desempenho ambiental da utilização de energia em edifícios residenciais: O caso do Qatar. Energy Rep. 6, 587-592.

Anon, 2021a. [cited 2021 11 March]; Disponível em: IEA.org. Anon, 2021b. (SATBA), R.e.o.o.I. Estado ambiental de Teerão. [citado 2021 11 de março]; Disponível em: http://www.satba.gov.ir/.

Asadi, J., et al., 2018. Análise termoeconómica e otimização multiobjetivo do sistema de refrigeração por absorção acionado por vários coletores solares. Energy Convers. Manage. 173, 715-727.

ASHRAE, 2009. ASHRAE Handbook: Fundamentals, American Society of Heating, Refrigeratingand Air-Conditioning Engineers (Sociedade Americana de Engenheiros de Aquecimento, Refrigeração e Ar Condicionado).

Atlanta. Azasi, V.D., et al., 2020. Bioenergia a partir de resíduos de culturas: Uma análise regional para aplicações de calor e eletricidade no Gana. Biomass Bioenergy 140, 105640.

Azizkhani, M., et al., 2017. Levantamento do potencial de centrais fotovoltaicas utilizando o método Analytical Hierarchy Process (AHP) no Irão. Renew. Sustain. Energy Rev. 75, 1198-1206.

Banja, M., et al., 2019. Apoio ao biogás no sector da eletricidade da UE - uma análise comparativa. Biomass Bioenergy 128, 105313.

Belfkira, R., et al., 2009. Estudo de conceção e otimização de um sistema eólico/PV/Diesel independente da rede. In: 2009 13th European Conference on Power Electronics and Applications. IEEE.

Bharath, B., Sami, A., Rastogi, K., 2021. Análise de uma estrutura para utilização eficiente de energia usando o design builder. Em: Série de conferências IOP: Ciência e Engenharia de Materiais. Publicação IOP.

Bhowmik, H., Amin, R., 2017. Melhoria da eficiência do coletor solar de placa plana usando refletor. Energy Rep. 3, 119-123. Bouraiou, A., et al., 2020. Estado do potencial e utilização das energias renováveis na Argélia. J. Clean. Prod. 246, 119011.

Braas, H., et al., 2020. Perfis de carga de aquecimento urbano para preparação de água quente sanitária com simultaneidade realista utilizando DHWcalc e TRNSYS. Energia 201, 117552.

Bui, D.-K., et al., 2020. Melhorar a eficiência energética dos edifícios através de uma fac¸ ade adaptativa: Uma abordagem de otimização computacional. Appl. Energy 265, 114797.

Buonomano, A., et al., 2016. Análise experimental e simulação dinâmica de um novo sistema de arrefecimento solar de alta temperatura. Energy Convers. Manage. 109, 19-39.

Chan, A.P.C., et al., 2018. Barreiras críticas à adoção de tecnologias de construção verde nos países em desenvolvimento: O caso do Gana. J. Clean. Prod. 172, 1067-1079.

Cucca, G., Ianakiev, A., 2020. Avaliação e otimização do consumo de energia em comunidades de edifícios utilizando uma ferramenta inovadora de co-simulação. J. Build. Eng. 32, 101681.

Darko, A., et al., 2019. Uma análise cienciométrica e visualização da pesquisa global sobre construção verde. Build. Environ. 149, 501-511.

De Rubeis, T., et al., 2020. Sensibilidade do desempenho de aquecimento de um edifício autossuficiente em termos energéticos à zona climática, às alterações climáticas e às soluções do sistema AVAC. Sustainable Cities Soc. 61, 102300.

Dehghani Madvar, M., et al., 2018. Análise dos papéis das partes interessadas e os desafios da utilização da energia solar no Irão. Int. J. Low-Carbon Technol. 13 (4), 438-451.

Designbuilder, 2018a. Detalhe do chiller. Construtor de projectos, 2018b. Água quente sanitária. [cited 2021 5 February]; Disponível em: https://designbuilder.co.uk/helpv2/Content/Domestic_Hot_Water.htm.

Eicker, U., et al., 2015. Projeto e análise sistemáticos de sistemas de arrefecimento solar térmico em diferentes climas. Renew. Energy 80, 827-836.

Energy Reports 8 (2022) 15493-15510 Elghamry, R., Hassan, H., Hawwash, A., 2020. Um estudo paramétrico sobre o impacto da integração do painel de células solares na envolvente do edifício na sua potência, consumo de energia, condições de conforto e emissões de CO2. J. Clean. Prod. 249, 119374.

Esbati, S., et al., 2020. Investigar o efeito da utilização de PCM em materiais de construção para poupança de energia: Estudo de caso do Sharif Energy Research Institute. Energy Sci. Eng. 8 (4), 959-972.

Fan, C., et al., 2020. Melhoria da fiabilidade da previsão da carga de arrefecimento para o sistema AVAC utilizando a simulação de Monte-Carlo para lidar com incertezas nas variáveis de entrada. Energy Build. 226, 110372.

Firouzjah, K.G., 2018. Avaliação de sistemas solares fotovoltaicos de pequena escala no Irão: Prioridade das regiões, potencialidades e viabilidade financeira. Renew. Sustain. Energy Rev. 94, 267-274.

Gabisa, E.W., Gheewala, S.H., 2019. Avaliação potencial, ambiental e socioeconómica da produção de biogás na Etiópia: O caso do estado regional de Amhara. Biomassa Bioenergia 122, 446-456.

Gandoman, F.H., Raeisi, F., Ahmadi, A., 2016. Uma revisão da literatura sobre a estimativa da potência horária do painel fotovoltaico em condições de tempo nublado. Renew. Sustain. Energy Rev. 63, 579-592.

Gao, H., Koch, C., Wu, Y., 2019. Modelação da energia de edifícios baseada na modelação da informação de edifícios: Uma revisão. Appl. Energy 238, 320-343.

Graf, F., Marino, G., 2011. Moderno e verde: Património, energia, economia. Docomomo J. 1 (ARTIGO), 32-39.

Guo, S., et al., 2018. Uma revisão sobre a utilização de energia renovável híbrida. Renew. Sustain. Energy Rev. 91, 1121-1147.

Harish, V., Kumar, A., 2016. Uma revisão sobre modelação e simulação de sistemas energéticos de edifícios. Renew. Sustain. Energy Rev. 56, 1272-1292.

Harkouss, F., Fardoun, F., Biwole, P.H., 2019. Conceção óptima de conjuntos de soluções de energias renováveis para edifícios de energia zero líquida. Energia 179, 1155-1175.

Herold, K.E., Radermacher, R., Klein, S.A., 2016. Chillers de Absorção e Bombas de Calor. CRC Press.

Hirbodi, K., Enjavi-Arsanjani, M., Yaghoubi, M., 2020. Avaliação técnico-económica e impacto ambiental das centrais de concentração de energia solar no Irão. Renew. Sustain. Energy Rev. 120, 109642.

Hussein, O.A., et al., 2020. Melhoria do desempenho térmico de um coletor solar de placa plana usando nanofluido híbrido. Sol. Energy 204, 208-222.

Ibrahim, N.I., Al-Sulaiman, F.A., Ani, F.N., 2017. Características de desempenho de um chiller de absorção de água de brometo de lítio acionado por energia solar integrado com armazenamento de energia de absorção. Energy Convers. Manage. 150, 188-200.

Jahangir, M.H., Javanshir, F., Kargarzadeh, A., 2021. Análise económica e conceção óptima do sistema de reserva de hidrogénio/diesel para melhorar os centros de energia que fornecem as exigências dos complexos desportivos. Int. J. Hydrogen Energy.

Jahangir, M.H., Mousavi, S.A., Rad, M.A.V., 2019. Uma comparação técnico-económica de um ciclo rankine orgânico fotovoltaico/térmico com vários sistemas híbridos renováveis para uma área residencial em Rayen, Irão. Energy Convers. Manage. 195, 244-261.

Janzadeh, A., Zandieh, M., 2021. Viabilidade do projeto de um bairro com energia zero em Qazvin. Energy Effic. 14 (1), 1-21.

Khan, M.M.A., et al., 2018. Avaliação de projetos de coletores solares com armazenamento de energia térmica de calor latente integrado: uma revisão. Sol. Energy 166, 334-350.

Kim, H.B., et al., 2021. Aplicabilidade do material de mudança de fase de acordo com as zonas climáticas, conforme definido na norma ASHRAE 169-2013. Build. Environ. 107771.

Kiss, B., Szalay, Z., 2020. Abordagem modular à otimização ambiental multiobjectivo de edifícios. Autom. Constr. 111, 103044.

Klein, S.A.A.F., 2013. Solucionador de equações de engenharia. Kopp, M., et al., 2017. Energiepark Mainz: Análise técnica e económica da maior central Power-to-Gas do mundo com eletrólise PEM. Int. J. Hydrogen Energy 42 (19), 13311-13320.

Lazzarin, R.M., 2014. Arrefecimento solar: FV ou térmico? Uma análise termodinâmica e económica. Int. J. Refrig. 39, 38-47.

Li, J., Liu, P., Li, Z., 2020a. Conceção optimizada e análise técnico-económica de um sistema híbrido de energia solar-eólica-biomassa fora da rede para eletrificação rural remota: Um estudo de caso do oeste da China. Energia 208, 118387.

Li, Y., Rezgui, Y., 2017. Um novo conceito para medir a transmitância térmica do envelope e a infiltração de ar usando uma simulação combinada e uma abordagem experimental. Energy Build. 140, 380-387.

Li, C., Zhou, D., Zheng, Y., 2018. Estudo comparativo técnico-económico de sistemas de energia fotovoltaica ligados à rede em cinco zonas climáticas, China. Energia 165, 1352-1369.

Li, W., et al., 2020b. Uma nova abordagem operacional para a melhoria da eficiência energética do sistema AVAC em espaços de escritórios através da análise de grandes volumes de dados em tempo real. Renew. Sustain. Energy Rev. 127, 109885.

Lu, N., Zhang, Y., 2012. Considerações de projeto de um controlador de carga centralizado usando aparelhos controlados termostaticamente para reservas de regulação contínua. IEEE Trans. Smart Grid 4 (2), 914-921.

Lu, Z., et al., 2013. Estudo de um novo sistema de arrefecimento por adsorção solar e de um sistema de arrefecimento por absorção solar com novos colectores CPC. Renew. Energy 50, 299-306.

Mandal, S., Das, B.K., Hoque, N., 2018. Dimensionamento ótimo de um sistema de energia híbrido autónomo para a eletrificação rural no Bangladesh. J. Clean. Prod. 200, 12-27.

Manfrida, G., Gerard, V., 2008. Controlo da exergia máxima de uma central solar térmica equipada com colectores de vapor direto. Int. J. Thermodyn. 11 (3), 143-149.

Mattoni, B., et al., 2018. Revisão crítica e abordagem metodológica para avaliar as diferenças entre as ferramentas internacionais de classificação de edifícios verdes. Renovar. Sustain. Energy Rev. 82, 950-960.

Molero-Villar, N., et al., 2012. Uma comparação de configurações de sistemas de absorção solar. Sol. Energy 86 (1), 242-252.

Molina-García, A., et al., 2010. Caracterização probabilística de cargas controladas termostaticamente para modelar o impacto de programas de resposta à procura. IEEE Trans. Power Syst. 26 (1), 241-251. NASA, 2008. NASA surface meteorology and solar energy. [cited 2020 19 May]; Disponível em: https://ntrs.nasa.gov/.

Petela, K., Manfrida, G., Szlek, A., 2017. Vantagens da temperatura de condução variável no chiller de absorção solar. Renew. Energy 114, 716-724.

Ratnasari, L.D., MT, S.S.S., MT, E.S.S., 2020. Avaliação do consumo de energia com simulação energyplus em edifícios de escritórios existentes. In: Anais da

Conferência AIP. AIP Publishing LLC. Organização de Energias Renováveis do Irão, 2021. Relatório da situação ambiental de Teerão. Organização de Energias Renováveis do Irão, [cited 2021 11 March]. Disponível em: http://www.satba.gov.ir/. No prelo.

Roy, D., 2020. Avaliação do desempenho de um novo sistema energético híbrido à base de biomassa utilizando técnicas de otimização e de tomada de decisões multicritério. Sustain. Energy Technol. Assess. 42, 100861.

Roy, J., Mishra, M., Misra, A., 2011. Análise do desempenho de um ciclo orgânico de Rankine com sobreaquecimento em diferentes condições de temperatura da fonte de calor. Appl. Energy 88 (9), 2995-3004.

Roy, D., Samanta, S., Ghosh, S., 2020. Avaliação do desempenho de um sistema de energia híbrido distribuído alimentado a biomassa que integra uma célula de combustível de carbonato fundido, uma turbina de gás alimentada externamente e um ciclo de dióxido de carbono supercrítico. Energy Convers. Manage. 211, 112740.

Said, S., 2016. Conceção, construção e funcionamento de um sistema de refrigeração por absorção de amoníaco e água alimentado a energia solar na Arábia Saudita. Int. J. Refrig. 62, 222-231.

Saiprasad, N., Kalam, A., Zayegh, A., 2018. Estudo comparativo da otimização do HRES usando o software HOMER e iHOGA.

Sedigh Ziabari, S.H., et al., 2019. Estudo comparativo sobre a influência do rácio janela-parede no consumo de energia e no desempenho da ventilação em edifícios de escritórios de clima temperado húmido: um estudo de caso em erupção cutânea. Space Ontology Int. J. 8 (2), 33-42.

Shahbaz, M., et al., 2020. O efeito do consumo de energias renováveis no crescimento económico: Evidence from the renewable energy country attractive index. Energia 207, 118162.

Shao, S., Pipattanasomporn, M., Rahman, S., 2012. Desenvolvimento de modelos de carga residencial habilitados para resposta à demanda com base física. IEEE Trans. Power Syst. 28 (2), 607-614.

Shi, Y., et al., 2019. Otimização da combustão de caldeira ultra supercrítica baseada em inteligência artificial. Energia 170, 804-817.

Shirazi, A., et al., 2016. Um estudo paramétrico sistemático e avaliação da viabilidade de chillers de absorção de efeito único, duplo e triplo efeito assistidos por energia solar para aplicações de aquecimento e arrefecimento. Energy Convers. Manage. 114, 258-277.

Shirazi, A., et al., 2017. Uma otimização abrangente e multi-objetivo de sistemas de chillers de absorção alimentados a energia solar para aplicações de ar condicionado. Energy Convers. Manage. 132, 281-306.

Singh, A., Baredar, P., Gupta, B., 2017. Análise da viabilidade técnico-económica da célula de combustível de hidrogénio e do sistema híbrido de energia renovável solar fotovoltaica para um edifício de investigação académica. Energy Convers. Manage. 145, 398-414. Tehran Times, 2019. A produção diária de resíduos diminuiu em 1.000 toneladas em Teerão. Tehran Times [citado em 11 de março de 2021]. Disponível em: www.tehrantimes.com. No prelo.

Vivekananthan, C., Mishra, Y., 2014. Método de classificação estocástica para aparelhos controláveis termostaticamente para fornecer serviços de regulação. IEEE Trans. Power Syst. 30 (4), 1987-1996. Wahba, S.M., et al., 2018. Eficácia de telhados e paredes verdes no consumo de energia e conforto interior em climas áridos. Civ. Eng. J. 4 (10), 2284-2295.

Wegener, M., et al., 2020. Modelo de otimização técnico-económica para sistemas de armazenamento de energia híbridos de poligeração utilizando biogás e baterias. Energia 218, 119544.

Wiik, N., 2020. Readaptação térmica de edifícios na Finlândia com foco no método holandês Energiesprong: Estudo de caso da escola de Kantvik.

Aquecimento e arrefecimento solar em edifícios

Shahide Dehghan[1] , Hoosein Norouzi[2], Hossein Gholami[3]

[1]Departamento de Geografia, secção de Najafabad, Universidade Islâmica Azad, Najafabad, Irão

[2] Departamento de Engenharia Civil, Isfahan (Khorasgan) Branch, Islamic Azad University, Isfahan, Irão

[3]Departamento de Engenharia Civil, Isfahan (Khorasgan) Branch, Islamic Azad University, Isfahan, Irão

2024

yes

I want morebooks!

Buy your books fast and straightforward online - at one of world's fastest growing online book stores! Environmentally sound due to Print-on-Demand technologies.

Buy your books online at
www.morebooks.shop

Compre os seus livros mais rápido e diretamente na internet, em uma das livrarias on-line com o maior crescimento no mundo! Produção que protege o meio ambiente através das tecnologias de impressão sob demanda.

Compre os seus livros on-line em
www.morebooks.shop

info@omniscriptum.com
www.omniscriptum.com

Printed by Books on Demand GmbH, Norderstedt / Germany